高等院校"十三五"应用型艺术设计教育系列规划教材

U0879701

金属工艺制作基础

主 编 郭 涛 刘 斌

合肥工業大學出版社

图书在版编目（CIP）数据

金属工艺制作基础/郭涛，刘斌主编. —合肥：合肥工业大学出版社，2018.1（2022.8重印）
ISBN 978-7-5650-3710-8

Ⅰ. ①金… Ⅱ. ①郭…②刘… Ⅲ. ①金属加工—工艺学—教材 Ⅳ. ①TG

中国版本图书馆CIP数据核字（2017）第316490号

金属工艺制作基础

郭 涛 刘 斌 主编　　　　责任编辑 袁 媛

出 版	合肥工业大学出版社	**版 次**	2018年1月第1版
地 址	合肥市屯溪路193号	**印 次**	2022年8月第2次印刷
邮 编	230009	**开 本**	889毫米×1194毫米 1/16
电 话	基础与职业教育出版中心：0551-62903120	**印 张**	5.75
	营销与储运管理中心：0551-62903198	**字 数**	193千字
网 址	www.hfutpress.com.cn	**印 刷**	安徽联众印刷有限公司
E-mail	hfutpress@163.com	**发 行**	全国新华书店

ISBN 978-7-5650-3710-8　　　　定价：42.00元

前 言

如今，手艺这个词都不常用了，工业冲刷着世界各个角落，尤其是发展中国家。

在中国，大部分传统手工艺面临失传，后继无人的处境比比皆是，而关于传统手工艺的传承与发展的话题，更多的只是停留在表面。传统的手工艺人有技少艺，慢慢地被社会边缘化。作为现代的手工艺人，除了单纯技艺的传承，更重要的是手工艺者的一种精神，从手里出来的作品是有别于工业化的，因为每一件作品都是一个瞬间、一段时间的凝聚，可以理解为从手里出来的作品是有温度、有故事的。

本书中，从简单到复杂再回到另一种简单，主要内容是对金属工艺技法的讲解，并借鉴欧美、日韩等国家的现代金属制作工艺的理念，融合中国传统金属工艺，希望学习者能多元化地去体验、去享受制作的过程，并系统地掌握知识与技艺。

在十余年的教学工作中，编者通过不断地实践、摸索与研究，总结出能让学习者易懂的金属工艺的教学方法。掌握好金属工艺制作基础，并有兴趣深究才是学习者实现理想的方式。

最后，但愿此书的学习者能感受到过程比结果更有意思。

编 者

2017 年 5 月

目录

1

第一部分 工具、材料与参考信息

第一节 工 具

1. 首饰工作台

主要在首饰工作台上进行金属工艺制作，工作台主要分为三层：台上、台面和台下。

台上：放置各种工具耗材。

台面：金属工艺操作区域。

台下：收集金属粉尘残料。

2. 设备仪器

压片机：主要用于压延金属片和金属条。

抛光机：使用布轮和抛光蜡，精修金属表面。

滚筒抛光机：通过筒内钢珠来达到金属表面抛光的效果。

超声波清洗机：通过超声波和清洗剂除去金属表面附着的污垢。

手摇拉丝机：结合拉丝板，改变金属丝直径的同时使金属丝延长并变硬。

手摇压片机：通过人力压延金属片或金属条。

3. 焊接工具

焊枪：主要用于金属加热、退火、焊接。

耐火砖：用于金属片或金属丝的焊接和退火处理。

镊子：焊接时用于夹住金属物件、焊药等。

硼砂：一种焊剂，用于需要焊接的位置。

八字夹：主要用于焊接时固定金属物件。

焊药：焊接时，将组合金属物件焊牢固。

4. 测量工具

钢尺：用于测量数据和辅助画线时使用。

电子秤：用于给金属材料或首饰成品称重量。

游标卡尺：用于测量金属内部和外部的数据。

戒指棒：测量戒指内圈大小。

戒指圈：测量手指佩戴戒指圈号大小。

5. 裁切工具

斜口剪钳：裁剪金属直径不超过 2mm 的金属线。

小剪刀：用于裁切薄的金属片及焊药片。

大剪刀：用于裁切厚度不超过 1.5mm 的金属片的工具。

锯弓：安装锯条，主要用于金属的切割和镂空处理。

6. 修锉工具

半圆锉：粗细不同，用于削锉金属表面和曲面。

整形锉：锉型多样，根据形状选取合适的锉子修锉。

油锉：锉纹较细，用于金属表面和曲面的精修。

红柄锉：锉纹较粗，用于金属大形的修锉。

7. 标示工具

油性笔：用于在金属片上画线、图案造型、标记等。

字母錾子：用于敲打字母造型的效果。

8. 錾花工具

錾子：钢质錾子约长 10cm，主要有肌理錾子、刻线錾子、敲凸錾子、整平錾子。

松香板：由松香、石膏粉、油脂按一定比例熬成，具有遇热变软、遇冷变硬的特性。主要用于錾刻时固定金属片。

9. 锤子

肌理锤：用于在金属表面敲打出不同的纹理纹样效果。

錾花锤：主要用于錾刻时敲打錾子的锤子。

整平锤：用于敲平金属上的印迹、凹凸形。

橡胶锤：敲打金属时不会留下痕迹，一般用于表面精修后的金属。

木槌：木质锤子，一般用于敲凸金属片大形。

10. 钳子

尖嘴钳：钳嘴前端为尖锥形，用于夹紧固定或弯折金属造型。

平嘴钳：钳嘴两面为平面，用于金属整平、弯折直角、对折金属。

半圆钳：钳嘴一边圆形、一边平面，主要用于金属片或金属条的曲线弯折。

圆嘴钳：主要用于金属丝制作圆环和曲线造型。

11. **砧子**

铁砧：常用工具，结合金属锤或胶锤将金属片表面敲打平整。

羊角砧：一般用于金属片的塑形。

坑铁：一般用于制作金属凹槽和金属管的工具。

窝墩：结合窝錾制作球面的工具。

12. **成型棒**

手镯棒：一般用于制作金属手镯成型和曲面造型的工具。

戒指棒：主要用于金属戒指的成型和标准圆的制作。

圆笔芯：用于制作相同金属圆环的工具。

13. **抛光工具**

抛光蜡：结合抛光机使用，可使金属表面达到镜面的效果。

布轮：安装在抛光机上使用。

铜扫：在吊机上使用，用于金属焊接前表面的清理工作。

绒棒：主要用于戒指内圈的抛光。

擦银布：用于银饰表面指纹、污垢的清理。

铜刷：用于金属表面氧化物和污垢的清理。

玛瑙刀：适用于黄金、白银金属材质表面的提亮。

第二节　金属材料

不同金属材料的性质和特征，往往决定了不同的造物品类和与之相应的技术属性。材料与工艺技术的关系，实际上是能动的人对材料自然属性的遵从和把握的关系。材料性能决定着材质美、潜在的形式美以及工艺形式，从这个意义上来说，材料、工艺、设计三者互为一体，密不可分。因此对金属材料属性的全面了解，是首饰爱好者必须具备的理化知识。

1. **铂金**（Pt）

铂金是一种较重的金属，密度较高，颜色呈灰白色，不易氧化，熔点为 1773℃，铂金加工具有良好的可塑性和延展性，同时是镶嵌钻石的最佳金属。

2. **钯金**（Ba）

钯金是属于铂族金属，熔点为 1554℃，比铂金轻，价格较低，常用作铂金的替代品。

3. **黄金**（Au）

黄金是抗腐蚀性贵金属，纯金呈浓黄色，熔点为 1064℃，质地较软，具有很好的延展性和可塑性，一般作为素金首饰。（图 1–1）

4. **K金**

K 金是黄金与其他金属熔合而成的合金。K 金按含金量多少可分为：24K 金、22K 金、18K 金、9K 金等。

图 1–1　金块

5. **纯银（Ag）**

纯银即为含量接近 100% 的金属银，熔点为 962℃，银化学性质不活泼，由于银与硫有特殊的亲和性，在空气中即能缓慢地生成硫化银使其变黑，从而使银不纯。

6. **925 银**

925 银指含银量在 92.5% 左右的银质品，因为纯度过高的银过于柔软并且容易被氧化，925 银加入了 7.5% 的其他金属，使其具有理想的硬度，能更好地塑形，镶嵌各种宝石。（图 1–2）

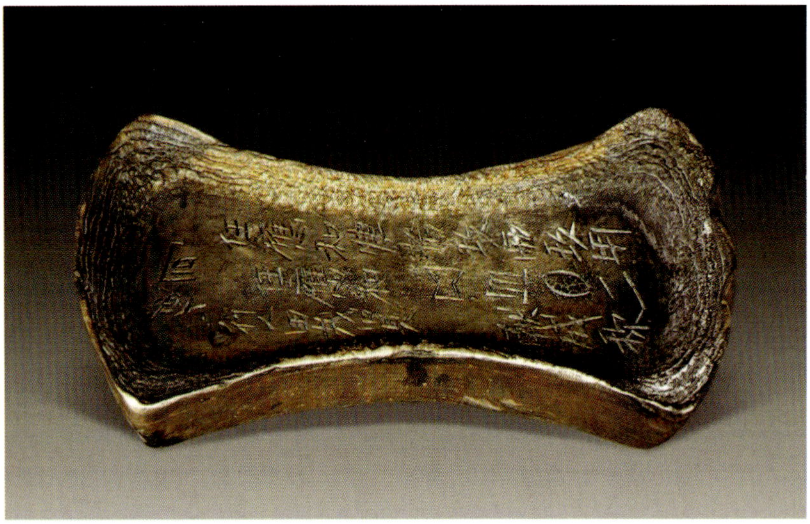

图 1–2　银锭

7. **铜（Cu）**

纯铜是柔软的金属，熔点为 1083.4℃。表面刚切开时为红橙色带金属光泽，单质呈紫红色，延展性好。（图 1–3）

8. **铝（Al）**

铝为银白色轻金属，有延展性，熔点为 660℃，易溶于稀硫酸、硝酸、盐酸、氢氧化钠和氢氧化钾溶液，难溶于水。

9. **钛（Ti）**

钛是一种银白色的过渡金属，熔点为1660℃。其特征为重量轻、强度高、具有金属光泽，耐湿氯气腐蚀，在高温下极易和空气发生反应。

图 1–3　精铜粒

第三节　参考信息

1. **图表戒指尺号**

通过佩戴戒圈号，能够测量佩戴者手指的金属周长，从而计算出所需金属的长度。计算周长时要将金属的厚度计算在内。（表 1–1）

表 1-1　国际流行戒指尺号对照表

各个国家尺号							长度(mm)	
美国	英国	日本	德国	法国	瑞士	中国	周长	直径
5	J 1/2	9	15.75	49	9	9	49.3	15.7
6	L 1/2	12	16.5	51.5	11.5	12	51.8	16.5
7	O	14	17.25	54	14	14	54.4	17.3
8	Q	16	18	56.5	16.5	16	56.9	18.1
9	S	18	19	59	19	18	59.5	18.9
10	T 1/2	20	20	61.5	21.5	20	62.1	19.8
11	V 1/2	23	20.75	64	24	23	64.6	20.6
12	Y	25	21.25	66.5	27.5	25	67.2	21.4

周长公式：3.142×直径

图 1–4

2. **纯度标识**

纯度标识为一种官方标识，是印刻在贵金属表面上的表明纯度的系列标识。因各国之间的贵金属纯度标准及管理法规不同，印记标识差异较大。(图 1–4)

例如黄金标识有：24K、22K、18K、14K、12K、9K、8K。其中 18K 金又可标记为 AU750、G750。

银标记为 Ag925、S925。

3. **银材料种类**

银一般分为 999 纯银、925 标准银、958 布里特尼亚银、阿金提姆银和再生银。

4. **银焊药**

银焊药是将银、铜、锌等金属材料按照一定比例熔合而形成新的合金材料。一般分为高温银焊药、中温银焊药、低温银焊药和超低温银焊药。

其中，高温银焊药熔点为 741℃，中温银焊药熔点为 691℃，低温温银焊药熔点为 671℃，超低温银焊药熔点为 618℃。

2

第二部分　工艺与示范

第一节　基础工艺

一、锯切

1. 退火

退火是一种金属热处理工艺，将金属缓慢加热到一定温度，保持足够时间，然后以适宜速度冷却。目的是降低金属硬度，消除残余应力，改善切削加工属性。

在金属制作工艺过程中，因分子间的结构不断被挤压促使金属逐渐变硬，给后续的加工制作和塑性带来不便。因此我们需要对金属材料进行退火处理，使金属变软。（图 2–1、图 2–2）

图 2–1　银片退火

图 2–2　红铜片退火

2. 酸洗

合金金属基本上都含铜，在加热、退火、焊接或者铸造过程中都极易发生氧化，氧化呈灰黑色。酸洗，是将氧化后的金属浸泡于酸液中，使金属表面氧化物及焊剂残留物逐渐溶解和清除。（图 2–3、图 2–4）

酸液一般为稀硫酸液（1 份浓硫酸与 9 份清水配制）和明矾溶液（30 克明矾与 0.5 升水配制）。

图 2–3　稀硫酸液

图 2–4　明矾溶液

3. 锯

锯是金属工艺制作的基础工艺之一，其应用范围很广，无论是简单的还是复杂的金属片分割，或是锯出装饰线条及镂空造型都可以胜任。

锯子由锯弓和锯条组成，锯条须由锯弓拧紧固定，这样锯割时锯条才不会松动。目前，锯弓在不同国家的使用方式上略有不同，在欧美国家使用下握式，而在东南亚国家则使用上握式。

锯工艺示范

（1）基础线条——直线（图 2–5）

◆ 制作过程

① 将铜片退火，自然冷却。

② 用锉子将铜片边缘毛刺锉平，并用平头锤将铜片敲平。

③ 将图案用双面胶对齐贴在铜片上，标识打孔位置。

④ 将图案标识打孔位置依次用钻针钻孔。

⑤ 安装锯条，使锯齿方向朝向锯弓手柄。先拧紧锯弓一边，将锯条穿过铜片打孔部位，绷紧锯弓，拧紧锯弓另一边。

⑥ 使用上握式姿势拿锯弓，调整坐姿，保持锯

图 2–5

弓与铜片垂直，匀速地拉割锯弓，依次锯完图案。

⑦ 将锯好的铜片放置焊台，用火枪将图案、双面胶除去，冷却。

⑧ 依次用 600＃、1200＃砂纸将铜片表面打磨光滑。

⑨ 放入抛光机中抛光，然后清洗。

◆ 工具与材料

火枪套件	镊子	锉子
抛光机	锯弓	双面胶
焊台	锯条	3cm×3cm 铜片
平头锤	钻头	600＃、1200＃砂纸

◆ 制作过程图示（图 2-6）

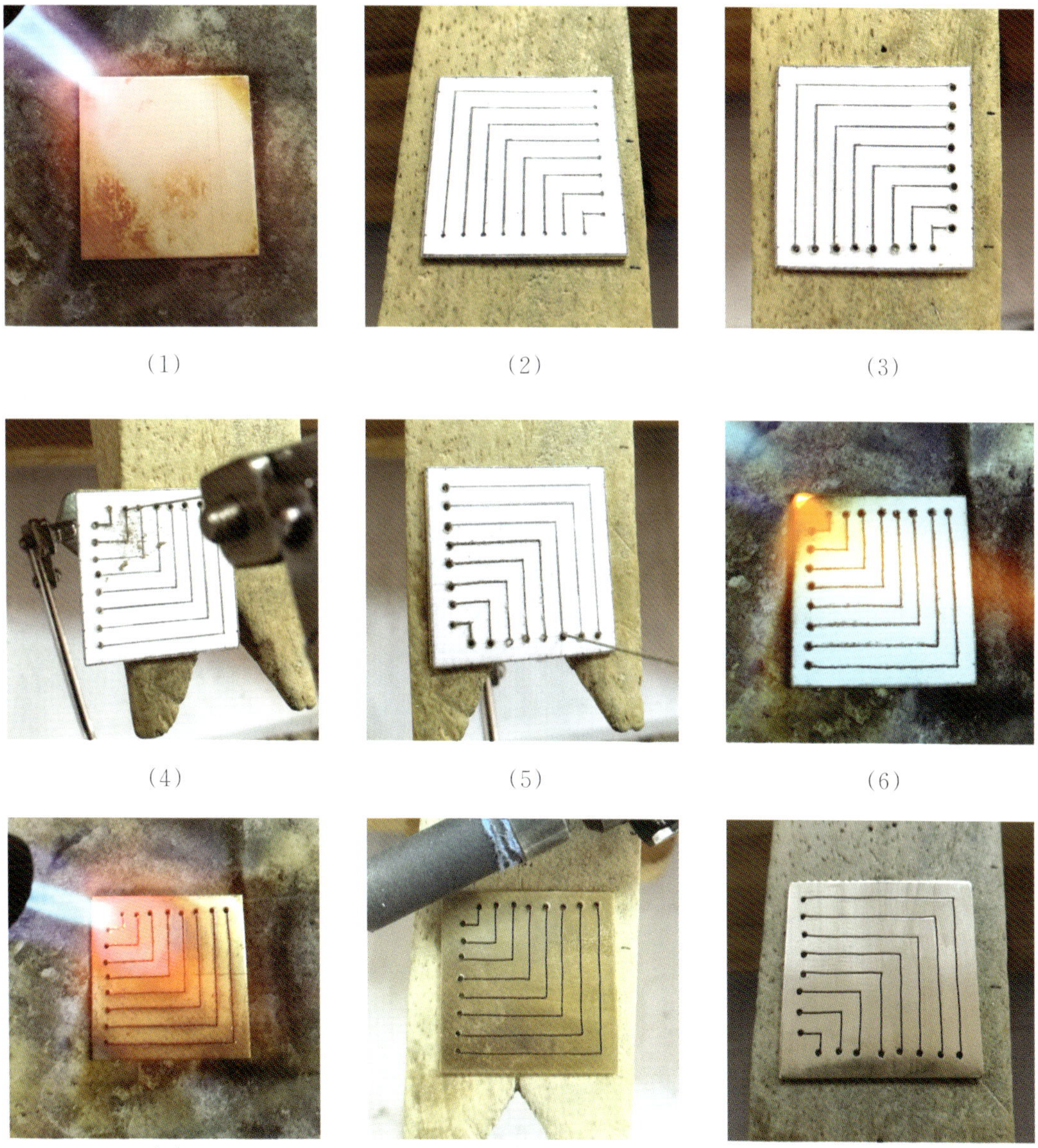

（1）（2）（3）（4）（5）（6）（7）（8）（9）

图 2-6

◆ 提示

- 钻孔时，手握吊机与铜片保持垂直。
- 安装锯条太松时使用费力，锯条太紧时容易折断，需调整好锯条松紧。拉割锯弓时手肘需匀速用力。
- 钻针、锯条使用时适时涂抹蜂蜡，可以起到润滑和保护的作用。

（2）基础线条——弧线（图 2–7）

◆ 制作过程

① 将准备好的铜片加热退火，自然冷却。

② 用锉子将铜片边缘毛刺锉平，并用平头锤将铜片敲平。

③ 将画好的图案用双面胶对齐贴在铜片上。

④ 将图案标识打孔位置依次用钻针钻孔。

⑤ 安装锯条，锯齿方向朝向锯弓手柄。先拧紧锯弓一边，将锯条穿过铜片打孔部位，绷紧锯弓，拧紧锯弓另一边。

⑥ 使用上握式拿锯弓，调整坐姿，保持锯弓与铜片垂直，匀速拉割锯弓，依次锯完图案。

图 2–7

⑦ 将锯好的铜片放置焊台，用火枪将图案、双面胶除去。

⑧ 依次使用 600＃、1200＃砂纸将铜片表面打磨光滑。

⑨ 抛光清洗。

◆ 工具与材料

火枪套件	镊子	锉子
抛光机	锯弓	双面胶
焊台	锯条	3cm×3cm 铜片
平头锤	钻头	600＃、1200＃砂纸

◆ 制作过程图示（图 2–8）

（1）

（2）

（3）

图 2–8（a）

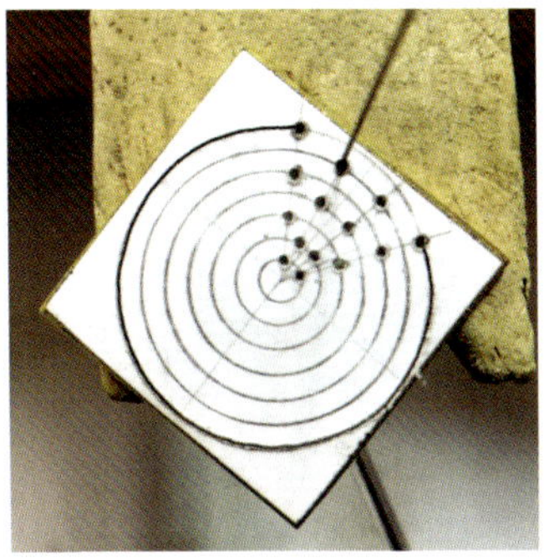

(4)

(5)

(6)

(7)

(8)

(9)

图 2–8（b）

◆ 提示

- 锯形时，线条会出现变化，锯线要沿图案造型慢慢地调整方向，提拉锯弓力度保持匀速。

（3）基础线条——曲线（图 2–9）

◆ 制作过程

① 将铜片退火，自然冷却。

② 用锉子将铜片边缘毛刺锉平，并用平头锤将铜片敲平。

③ 将画好的图案用双面胶对齐贴在铜片上。

④ 将图案标识打孔位置依次用钻针钻孔。

⑤ 安装锯条，锯齿方向朝向锯弓手柄。先拧紧锯弓一边，将锯条穿过铜片打孔部位，绷紧锯弓，拧紧锯弓另一边。

⑥ 使用上握式拿锯弓，调整坐姿，保持锯弓与铜片垂直，匀速拉割锯弓，依次锯完图案。

⑦ 将锯好的铜片放置焊台，用火枪将图案、双面胶除去。

⑧ 依次用 600 # 、1200 # 砂纸将铜片表面打磨光滑。

⑨ 抛光清洗。

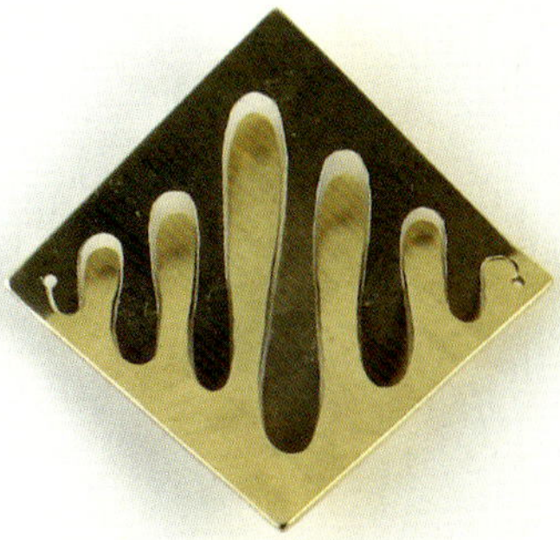

图 2–9

◆ 工具与材料

火枪套件	锯弓	镊子
抛光机	双面胶	3cm×3cm 铜片
焊台	锯条	600 # 、1200 # 砂纸
平头锤	钻针	
镊子	锉子	

◆ 制作过程图示（图 2–10）

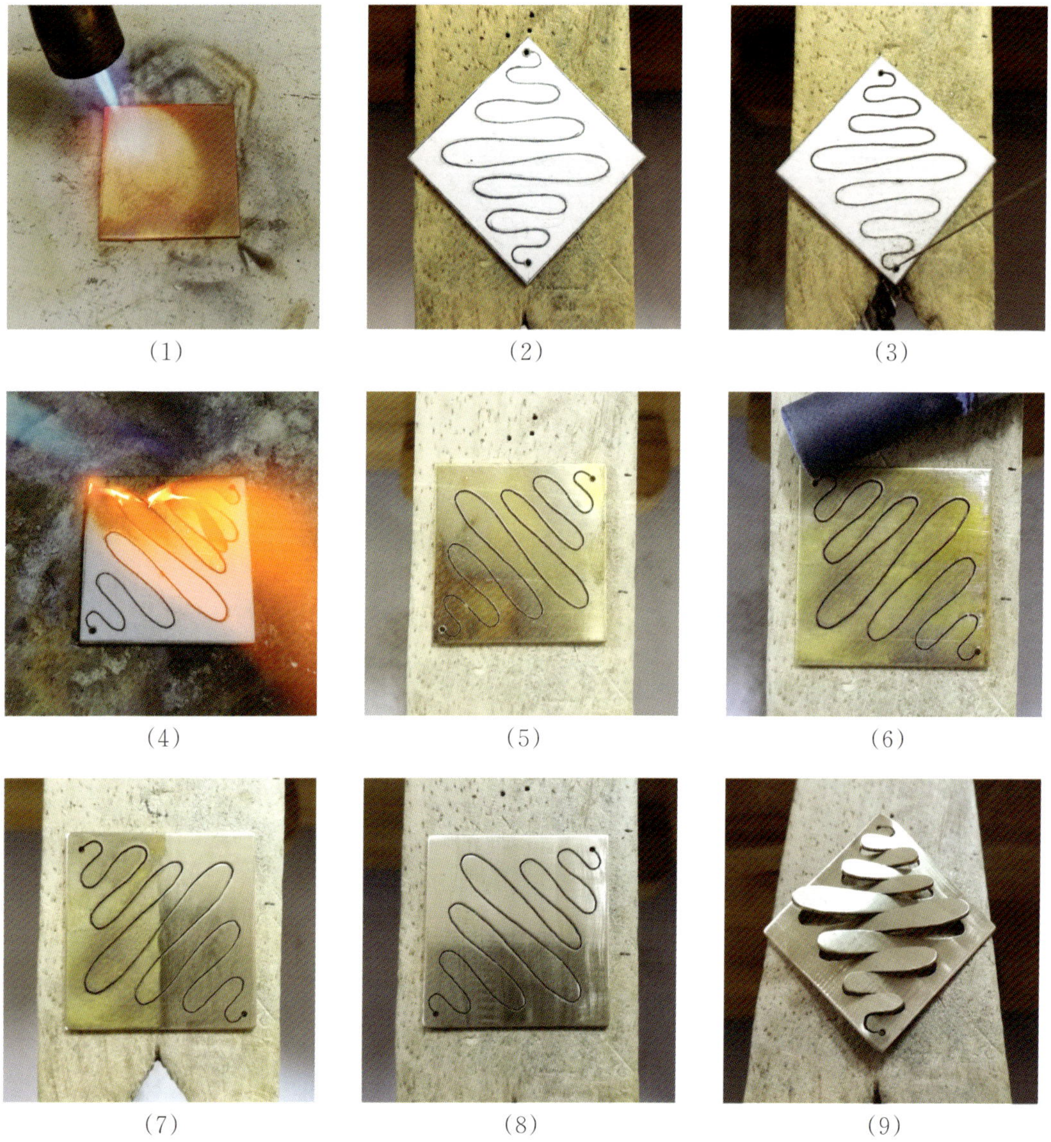

图 2–10

（4）简单线条——回纹（图 2–11）

◆ 制作过程

① 将准备好的铜片加热退火，自然冷却。

② 用锉子将铜片边缘毛刺锉平，并用平头锤将铜片敲平。

③ 将画好的图案用双面胶对齐，贴在铜片上。

④ 将图案标识打孔位置依次用钻针钻孔。

⑤ 安装锯条，锯齿方向朝向锯弓手柄。先拧紧锯弓一边，将锯条穿过铜片打孔部位，绷紧锯弓，再拧紧锯弓另一边。

⑥ 使用上握式拿锯弓，调整坐姿，保持锯弓与铜片垂直，匀速拉割锯弓，依次锯完图案。

⑦ 将锯好的铜片放置焊台，用火枪将图案、双面胶除去。

⑧ 依次用 600＃、1200＃砂纸将铜片表面打磨光滑。

⑨ 最后将铜片放入磁力抛光机中抛光。

图 2–11

◆ 工具与材料

火枪套件	锯弓	钻头
焊台	双面胶	锉子
平头锤	锯条	3cm×3cm　1mm 厚铜片
镊子	吊机	600＃、1200＃砂纸

◆ 制作过程图示（图 2–12）

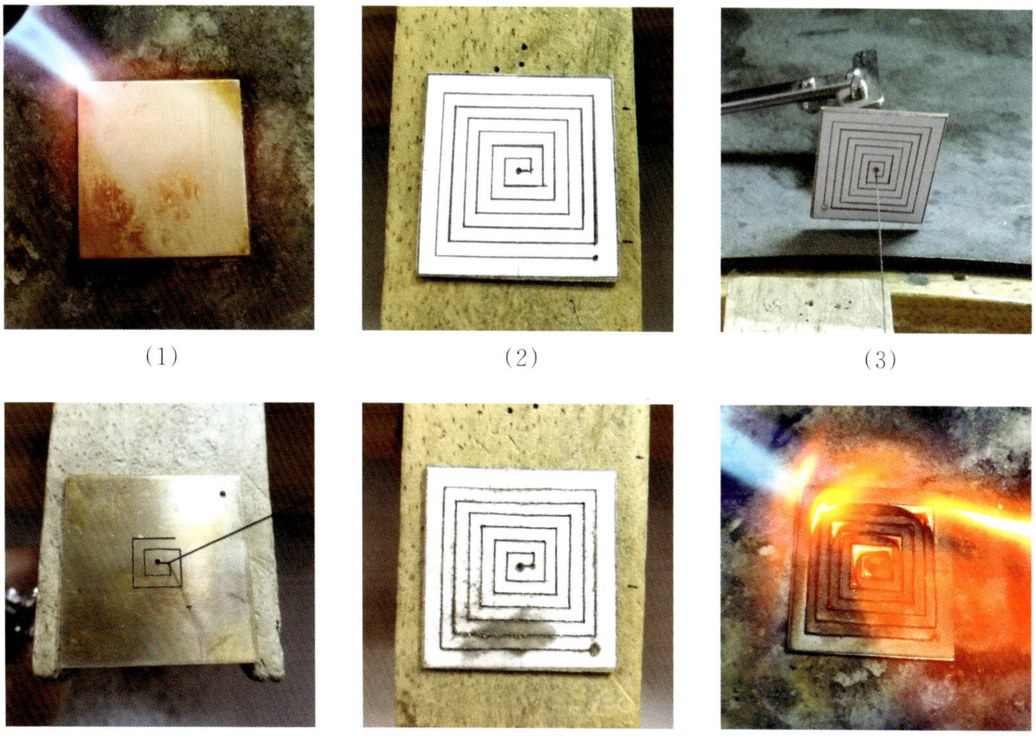

（1）　（2）　（3）

（4）　（5）　（6）

图 2–12（a）

(7)

(8)

(9)

图 2-12（b）

（5）简单线条——波浪线（图 2-13）

图 2-13

◆ 制作过程

① 将铜片加热退火，自然冷却。

② 用锉子将铜片边缘毛刺锉平，并用平头锤将铜片边缘敲平。用双面胶或胶水将禄字图案对齐贴在铜片上，用记号笔标识钻孔部位。

③ 手握吊机安装钻针，依次将钻孔部位钻孔。

④ 安装锯条，锯齿方向朝向锯弓手柄。先拧紧锯弓一边，将锯条穿过铜片打孔部位，绷紧锯弓，拧紧锯弓另一边。使用上握式拿锯弓，手握锯弓与铜片保持垂直，调整坐姿，匀速拉割锯弓，依次锯完图案。

⑤ 将锯好的铜片放置焊台，用火枪将图案、双面胶或胶水烧去。

⑥ 依次用 600＃、1200＃砂纸将铜片表面打磨光滑。

⑦ 用平口胶钳弯折造型，调整造型。

⑧ 最后将铜片放入磁力抛光机中抛光 10~15 分钟。

◆ 工具与材料

火枪套件	锯弓	双面胶
磁力抛光机	锯条	3cm × 3cm 1mm 厚铜片
焊台	吊机	600＃、1200＃砂纸
平头锤	钻头	
镊子	锉子	

◆ 制作过程图示（图 2-14）

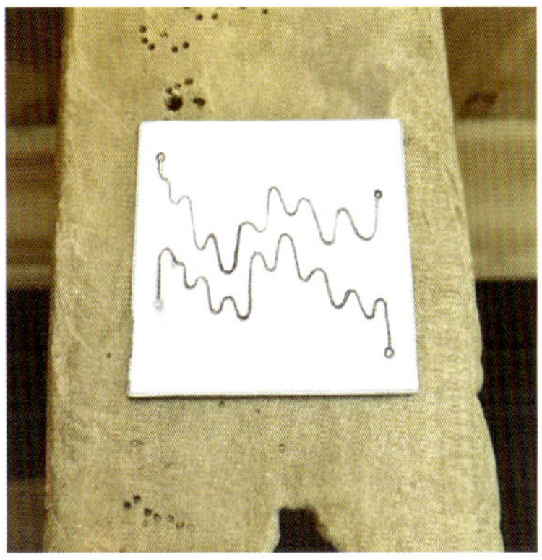
（1）

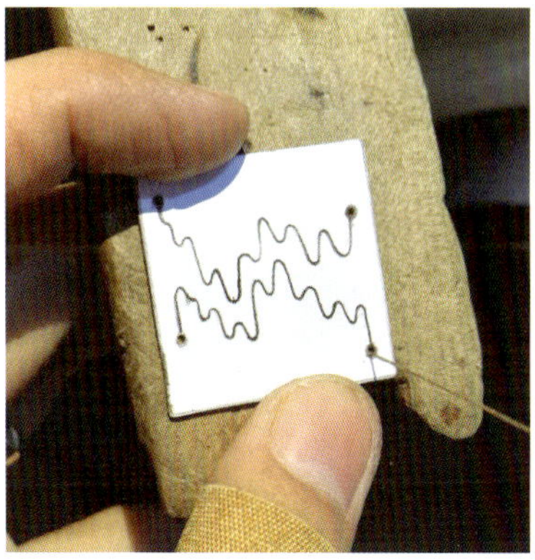
（2）

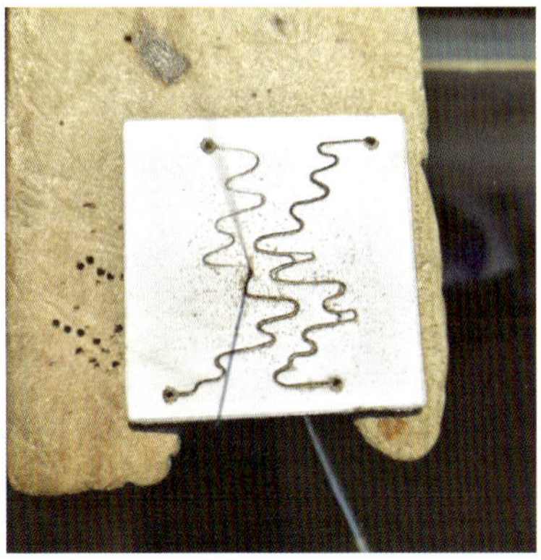
（3）

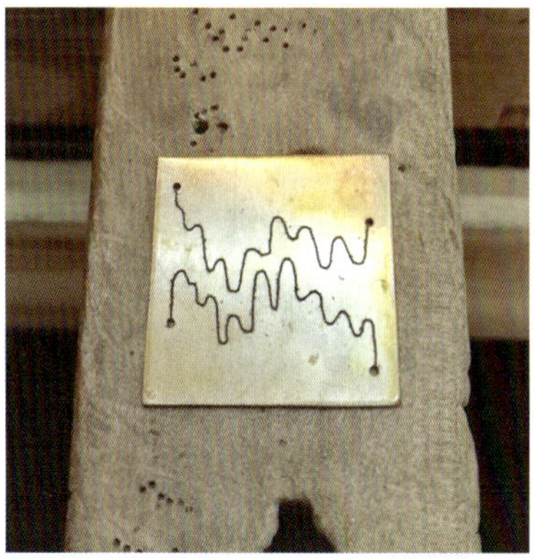
（4）

（5）

（6）

图 2–14（a）

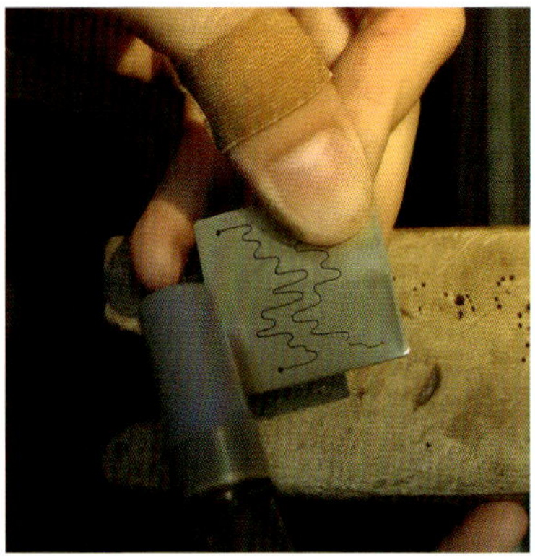

（7）

（8）

图 2–14（b）

（6）简单线条——禄字（图 2–15）

◆ **制作过程**

① 将铜片加热退火，自然冷却。

② 用锉子将铜片边缘毛刺锉平，并用平头锤将铜片边缘敲平。

③ 用双面胶或胶水将禄字图案对齐贴在铜片上，用记号笔标识钻孔部位。

④ 手握吊机安装钻针，依次将钻孔部位钻孔。

⑤ 安装锯条，锯齿方向朝向锯弓手柄。先拧紧锯弓一边，将锯条穿过铜片打孔部位，绷紧锯弓，拧紧锯弓另一边。

⑥ 使用上握式拿锯弓，手握锯弓与铜片保持垂直，调整坐姿，匀速拉割锯弓，依次锯完图案。

图 2–15

⑦ 将锯好的铜片放置焊台，用火枪将图案、双面胶或胶水除去。

⑧ 依次用 600＃、1200＃砂纸将铜片表面打磨光滑。

⑨ 最后将铜片放入磁力抛光机中抛光 10~15 分钟。

◆ **工具与材料**

火枪套件	吊机
磁力抛光机	钻头
焊台	锉子
平头锤	双面胶
镊子	3cm × 3cm 1mm 厚铜片
锯弓	600＃、1200＃砂纸
锯条	

◆ 制作过程图示（图 2-16）

（1）

（2）

（3）

（4）

（5）

（6）

（7）

（8）

图 2-16

（7）复杂线条——喜字（图 2–17）

图 2–17

◆ 制作过程

① 将准备好的铜片加热退火，自然冷却。

② 用锉子将铜片边缘毛刺锉平，并用平头锤将铜片边缘敲平。

③ 用双面胶或胶水将喜字图案对齐贴在铜片上，用记号笔标识钻孔部位。

④ 手握吊机安装钻针，依次将钻孔部位钻孔。

⑤ 安装锯条，锯齿方向朝向锯弓手柄。先拧紧锯弓一边，将锯条穿过铜片打孔部位，绷紧锯弓，拧紧锯弓另一边。

⑥ 使用上握式拿锯弓，手握锯弓与铜片保持垂直，调整坐姿，匀速拉割锯弓，依次锯完图案。

⑦ 将锯好的铜片放置焊台，用火枪将图案、双面胶或胶水除去。

⑧ 依次用 600＃、1200＃砂纸将铜片表面打磨光滑。

⑨ 最后将铜片放入磁力抛光机中抛光 10～15 分钟。

◆ 工具与材料

火枪套件	锯弓	锉子
焊台	锯条	双面胶
平头锤	吊机	3cm × 3cm 1mm 厚铜片
镊子	钻头	600＃、1200＃砂纸

◆ 制作过程图示（图 2–18）

（1）

（2）

（3）

图 2–18（a）

(4)

(5)

(6)

(7)

(8)

(9)

图 2–18（b）

（8）复杂线条——几何虫（图 2–19）

图 2–19

◆ 制作过程

① 用锉子将铜片边缘毛刺锉平，并用平头锤将铜片边缘敲平。用双面胶或胶水将喜字图案对齐贴在铜片上，用记号笔标识钻孔部位。

② 手握吊机将钻孔部位打穿。

③ 锯形，将锯条穿过铜片打孔部位，绷紧锯弓，拧紧锯弓另一边。手握锯弓与铜片保持垂直，调整坐姿，匀速地拉割锯弓，依次锯完图案。

④ 将锯好的铜片放置焊台，用火枪将图案、双面胶或胶水除去。

⑤ 先用 600 # 砂纸将铜片表面打磨。

⑥ 再用 1200 # 砂纸将铜片表面打磨光滑。

⑦ 用戒指棒将铜片慢慢弯曲成弧形。

⑧ 用平口胶钳调整造型。

⑨ 将铜片放入磁力抛光机中抛光 10～15 分钟。

◆ 工具与材料

火枪套件	平头锤	锯弓
焊台	镊子	锯条

吊机	锉子	3cm × 3cm 1mm 厚铜片
钻头	双面胶	600＃、1200＃砂纸

◆ 制作过程图示（图 2-20）

(1) (2) (3) (4) (5) (6) (7) (8) (9)

图 2-20

（9）复杂线条——锹甲（图 2-21）

◆ 制作过程

① 将准备好的铜片加热退火，自然冷却。

② 用锉子将铜片边缘毛刺锉平，并用平头锤将铜片边缘敲平。

③ 用双面胶或胶水将锹甲图案对齐贴在铜片上，用记号笔标识钻孔部位。

④ 手握吊机安装钻针，依次将钻孔部位钻孔。

⑤ 安装锯条，锯齿方向朝向锯弓手柄。先拧紧锯弓一边，将锯条穿过铜片打孔部位，绷紧锯弓，

拧紧锯弓另一边。使用上握式拿锯弓，手握锯弓与铜片保持垂直，调整坐姿，匀速拉割锯弓，依次锯完图案。

⑥ 将锯好的铜片放置焊台，用火枪将图案、双面胶或胶水除去。

⑦ 用 600＃、1200＃砂纸将铜片表面打磨光滑，用戒指棒和凹形槽将锹甲背部敲拱起。

⑧ 用平口胶钳依次将角、触须、前爪、中爪、后爪掰开，慢慢地调整造型，最后用剪钳把所有的爪剪齐、剪尖。

⑨ 放入磁力抛光机中抛光 10～15 分钟。

图 2–21

◆ 工具与材料

火枪套件	锯条	凹形槽
焊台	吊机	平口胶钳
平头锤	钻头	双面胶
镊子	锉子	4cm×5cm 1mm 厚铜片
锯弓	戒指棒	600＃、1200＃砂纸

◆ 制作过程图示（图 2–22）

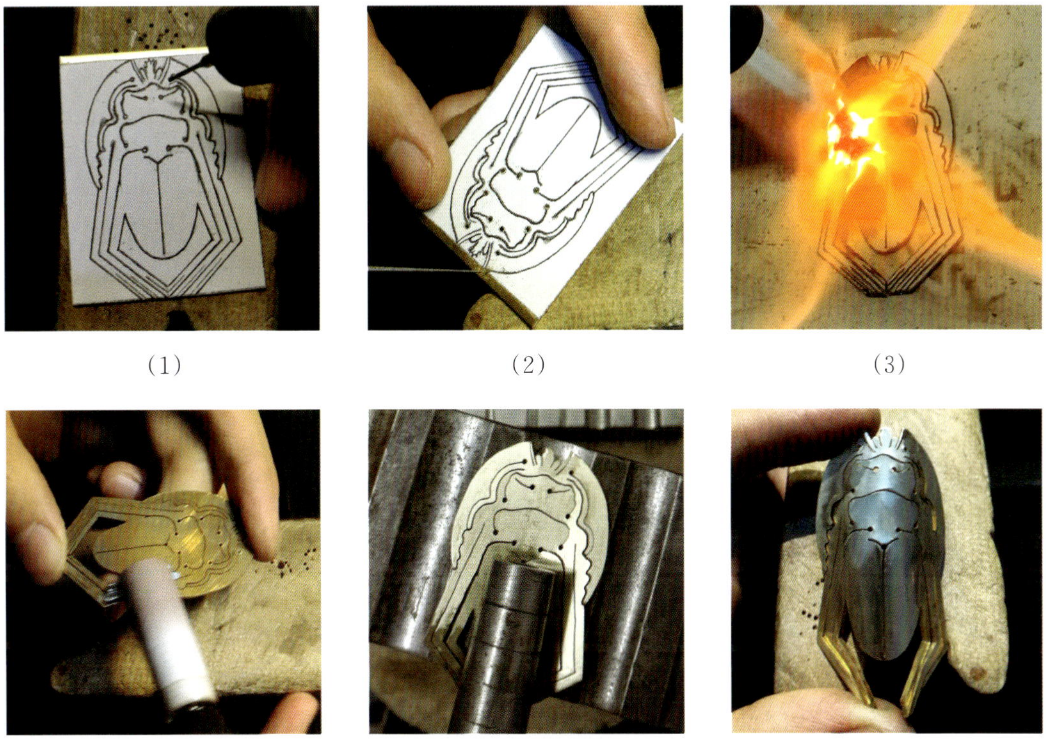

（1）（2）（3）

（4）（5）（6）

图 2–22（a）

（7）　　（8）　　（9）

图 2–22（b）

二、焊接

焊接也称作熔接，是一种以加热、高温的方式接合金属或其他热塑性材料（如塑料）的制造工艺及技术。金属工艺制作是用高温把焊药（一种合金）熔化，流进金属之间的间隙，将多件金属牢固连接在一起的工艺。焊药一般由银、铜、锌按一定比例制成，锌含量比例多少决定了焊药熔化温度的高低。（图 2–23、图 2–24）

焊药有高温、中温、低温之分。在一般情况下，焊接时首先使用高温焊药，随后使用中温焊药，最后才使用低温焊药。

图 2–23　单层焊接——戒指

图 2–24　分层焊接——吊坠

焊接工艺示范

（1）正方形（图 2–25）

◆ 制作过程

① 将准备好的铜线绕捆，均匀退火并自然冷却。

② 绕开铜线拉直，用锉子把铜线截面锉平。

③ 用尺子测量长度，并用油性笔在铜线上标示。

④ 用正方形锉子在铜线标示出锉处 V 字口。

⑤ 用平口钳夹住铜线，慢慢沿 V 字口处折起，折成直角。

⑥ 使用相同方法，折好另外 3 个直角。

⑦ 将正方形放置焊台，用八字夹固定，调整焊接口，加热铜线至红，添加硼砂、焊料。

⑧ 依次用 600＃、1200＃砂纸将铜片表面打磨光滑。

⑨ 用磁力抛光机抛光。

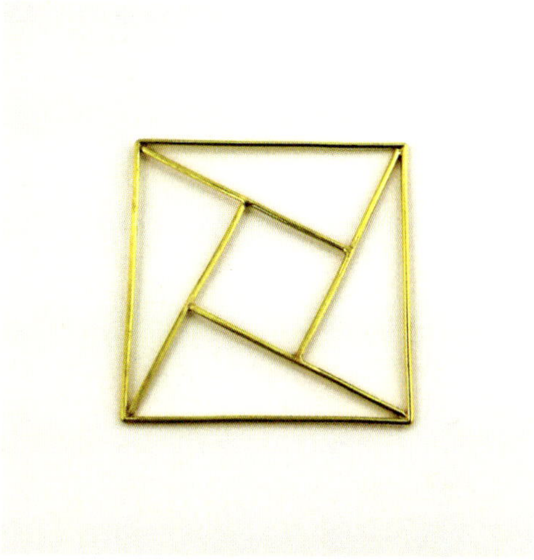

图 2–25

◆ 工具与材料

火枪套件	整形锉	600＃、1200＃砂纸
焊台	八字夹	硼砂
平头锤	不锈钢杯	铜焊料
镊子	黄铜线	明矾

◆ 制作过程图示（图 2–26）

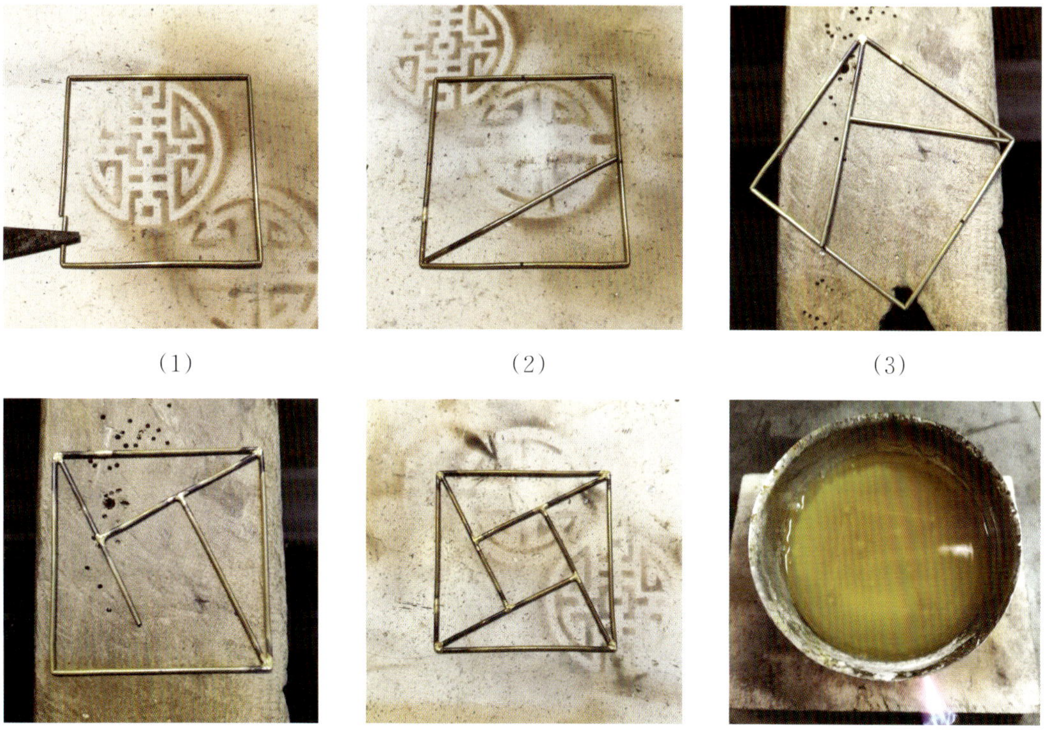

（1）　（2）　（3）

（4）　（5）　（6）

图 2–26（a）

(7)

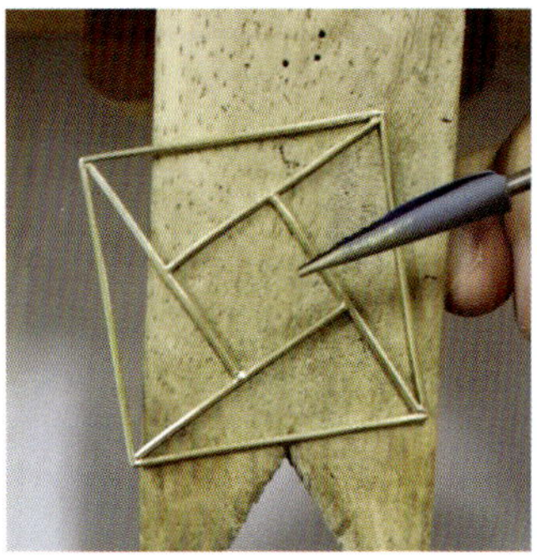
(8)

(9)

图 2-26（b）

◆ 提示

- 锉 V 字口时，锉子与台面保持平行，边锉边看形。
- 焊接时，调节火焰，蓝色细火焰最佳，添加硼砂和焊料的用量不宜过多。

（2）罗马数字（图 2-27）

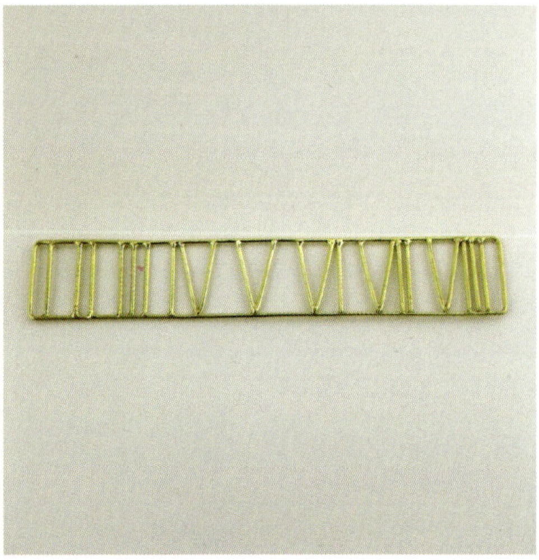

图 2-27

◆ 制作过程

① 用尺子测量所需铜线的长度，用平口钳弯折铜线成长方形。用八字夹固定铜线，焊接接口位置。

② 测量长方形内长度，在铜线上标识并用剪钳剪短、锉子锉平两端，焊接罗马数字Ⅰ、Ⅱ、Ⅲ。

③ 用直角锉在铜线上锉出 V 字口，边锉边调整，然后弯折成 V 字焊接。

④ 使用相同方法，按顺序焊接罗马数字Ⅴ、Ⅵ、Ⅶ、Ⅷ、Ⅸ。

⑤ 检查焊接位置是否焊牢固。

⑥ 放入明矾水中酸洗。

⑦ 使用 600 # 砂纸打磨表面。

⑧ 使用 1200 # 砂纸打磨光滑。

⑨ 用磁力抛光机抛光。

◆ 工具与材料

火枪套件　　焊台　　平头锤

镊子	不锈钢杯	硼砂
整形锉	黄铜线	铜焊料
八字夹	600 # 、1200 # 砂纸	明矾

◆ 制作过程图示（图 2-28）

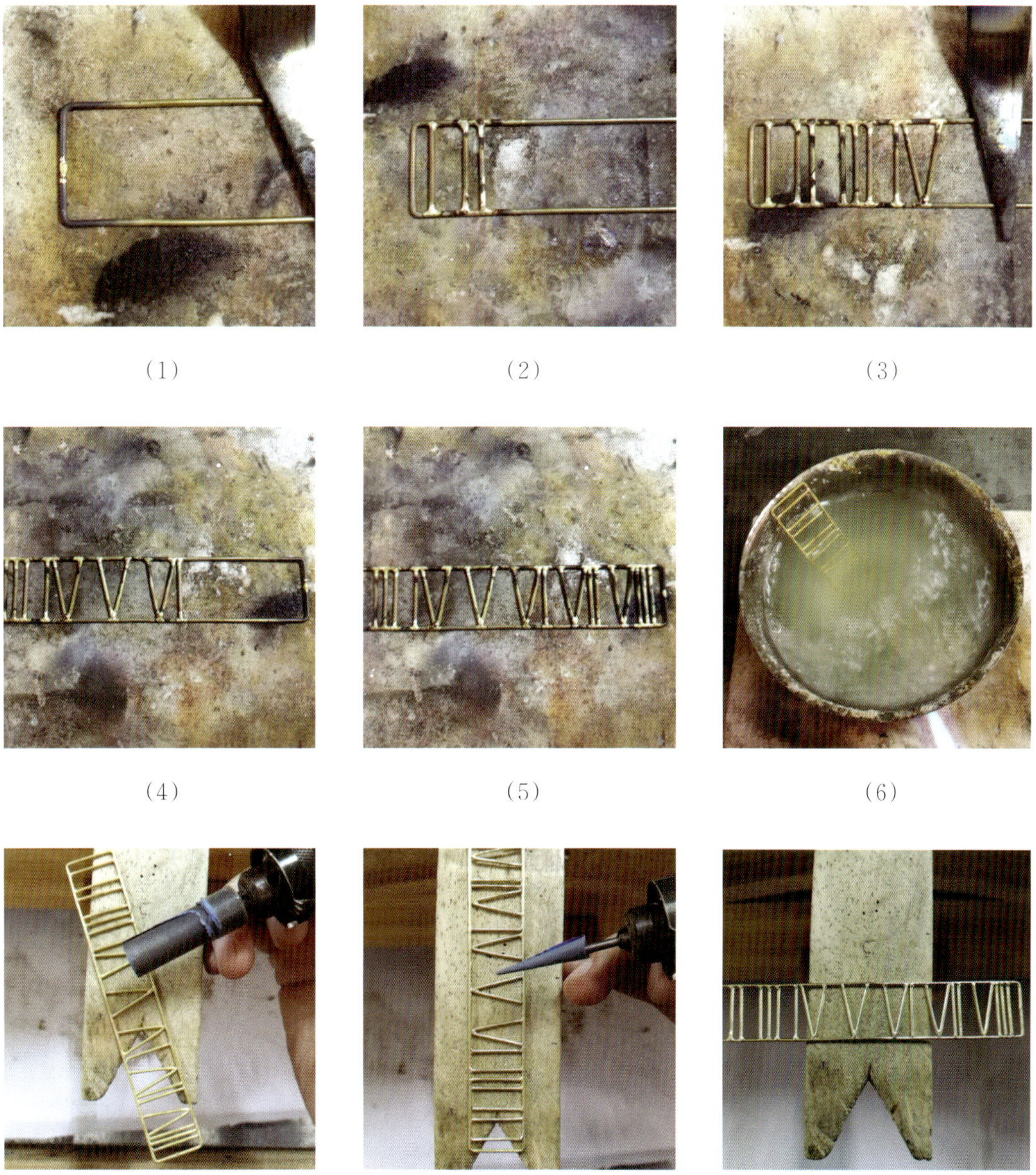

（1）（2）（3）（4）（5）（6）（7）（8）（9）

图 2–28

（3）手链（图 2–29）

◆ 制作过程

① 把准备好的铜线绕捆，均匀退火后冷却捋直。将铜线用笔芯绕圈，铜线尽量紧凑。

② 用木夹固定铜线圈，使用锯弓将铜环依次锯下。

图 2–29

③ 焊接首个圆环，用平口钳将铜环切口调整齐，用八字夹固定铜环焊接，检查焊接后位置是否焊牢。

④ 用第二个环套第一个环，焊接第二个环。第三个环套第一、第二两个环，依次用下一个环套前面两个环。重复此步骤套环、焊接、检查工序，直到链子焊接到所需长度。

⑤ 焊接圆环到足够长度后，用平口钳先夹平，再用锤子敲平整。

⑥ 用圆嘴钳制作 S 形链扣。

⑦ 焊接链扣酸洗。

⑧ 用砂纸打磨后使用抛光机。

◆ 工具与材料

火枪套件	八字夹	砂纸
焊台	圆嘴钳	硼砂
平头锤	抛光机	铜焊料
镊子	不锈钢杯	明矾
锉子	黄铜线	

◆ 制作过程图示（图 2–30）

（1）

（2）

（3）

（4）

（5）

（6）

图 2–30（a）

(7)

(8)

(9)

图 2–30（b）

◆ 提示

- 圆环必须用锯弓锯切，才能保证锯切口闭合时保持一致。
- 套环时，将套好的圆环捋平，用下一个环套前两个圆环。

三、锉磨

锉刀又称钢锉，是用来对金属等工件表面作微量加工的一种多刃手工切削工具。锉刀由锉身、手柄两部分组成。锉身有锉齿，工作时锉齿用来锉削工件，加工成所需要的几何形状。(图 2–31)

锉磨是金属工艺制作中的基础工艺之一，适用于金属的整形、塑形和精修，如修锉金属边缘毛刺、修整轮廓、扩大孔洞和锉出沟槽等。

根据锉刀的用途可分为：普通锉刀、整形锉刀及其他专用锉刀。

普通锉刀为一般钳工工作中所用的锉刀，也是应用最广泛的一类锉刀，品种很多，按断面形状不同可分为：齐头扁锉刀、尖头扁锉刀、半圆锉刀、圆锉刀、三角锉刀和方锉刀等几种类型。

整形锉刀又称什锦锉刀、组锉刀。其主要用于精密的锉削加工，如整修精密模具或锉削小型金属工件。它的结构与普通锉刀基本相同，只是工作部分的长度比普通锉刀短，尾部长，锉纹角度小，使用时一般不另装木柄。

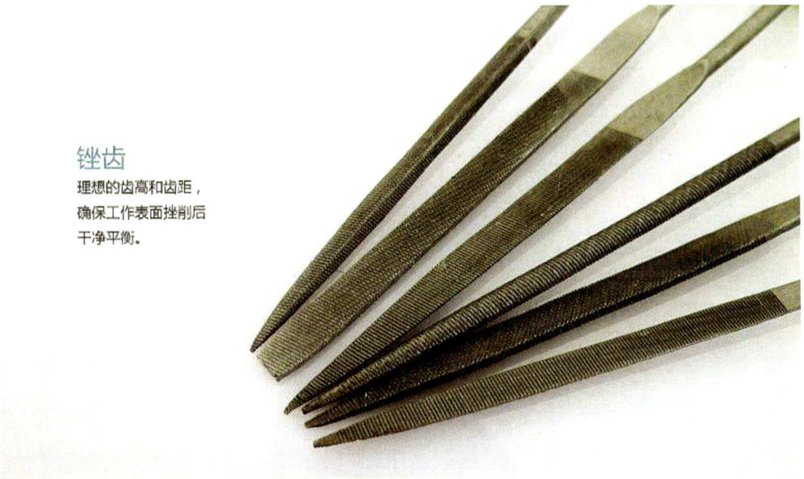

图 2–31　金属锉刀

在使用过程中，根据不同造型需要，选取对应的锉子，如圆孔洞需要圆锉，直角需要方形锉，锐角需要三角锉，戒指内圈需要半圆锉，戒指外圈需要平锉。修锉金属时，一般先用粗纹锉修锉大形，再用细纹锉锉去粗纹锉的锉痕，最后用砂纸将细纹锉锉痕去除。（图 2–32）

图 2–32　修锉戒指轮廓

锉磨工艺示范

（1）直角（图 2–33）

◆ 制作过程

① 将红铜片退火，自然冷却。

② 先用记号笔在铜片上画出三段线，再用三角锉沿线锉出凹线。

③ 用直角锉将凹线慢慢地锉成 V 字形。

④ 用直角钳沿 V 字口处弯折成直角。

⑤ 焊接接口。

⑥ 用记号笔标识中点位置，用红柄锉锉出斜面。

⑦ 锉出一组 V 斜面。

⑧ 再锉出另一组 V 斜面。

⑨ 用砂纸将红铜片表面打磨光滑后，放入磁力抛光机中抛光。

图 2–33

◆ 工具与材料

火枪套件	整形锉	砂纸
焊台	红柄锉	硼砂
平头锤	不锈钢杯	铜焊料
镊子	红铜片	明矾

◆ 制作过程图示（图 2-34）

(1)　(2)　(3)　(4)　(5)　(6)　(7)　(8)　(9)

图 2-34

◆ 提示

- 锉子只有在向前运行时才会达到切削金属的目的。
- 锉直角时，先用三角锉锉出凹线，再用方形锉贴合铜片，慢慢地锉出直角。

（2）正负形（图 2-35）

◆ 制作过程

① 先将红铜片、黄铜片退火自然冷却，贴图钻孔。

② 安装锯条后先锯小圆，随后锯大圆。

③ 将造型锯开。

④ 用弧形锉、圆形锉修锉形体。

图 2—35

⑤ 依次用 600 # 、1200 # 砂纸将铜片表面打磨光滑。

⑥ 将正负形放入抛光机中抛光 10～15 分钟。

◆ 工具与材料

火枪套件	不锈钢杯	黄铜片
焊台	锯弓	红铜片
平头锤	锯线	600 # 、1200 # 砂纸
镊子	吊机	明矾
整形锉	钻针	

◆ 制作过程图示（图 2-36）

(1)

(2)

(3)

(4)

(5)

(6)

图 2—36

（3）兔子（图 2–37）

图 2–37

◆ 制作过程

① 将准备好的图案造型用锯弓锯切。
② 用圆形锉修锉兔子眼睛。
③ 用半弧锉修锉镂空部分。
④ 用弧形锉修锉外形轮廓。
⑤ 把镂空造型细致锉磨。
⑥ 造型修锉完毕。

◆ 工具与材料

火枪套件	不锈钢杯	银片
焊台	锯弓	925 银丝
肌理锤	锯线	砂纸
镊子	吊机	明矾
整形锉	钻针	硅胶

◆ 制作过程图示（图 2–38）

（1）

（2）

（3）

（4）

（5）

（6）

图 2–38

第二节　金属起版工艺

将金属材料按照一定的工艺技法，运用锯、焊、锉等基础工艺，结合机械设备、辅助工具的使用，加工成立体的、三维的形态，如剔槽、弯折、敲锤、压印、锻打、铆接、缠线、镂空、熔接等工艺技法。

在金属起版过程中，需要熟练地掌握材料属性，充分地利用金属材料的延展性和柔软度等特征进行加工，制作出富有个性并独具特色的金属成品。（图 2–39、图 2–40）

图 2–39　综合材料

图 2–40　木纹金工艺

金属起版工艺示范

1. 纹理戒指（图2-41）

◆ 制作过程

① 将准备好的银条退火，自然冷却。

② 用记号笔在银条上标示所需长度。

③ 剪钳剪断银条，锉子修锉银条横截面。

④ 用戒指棒辅助弯曲银条成圆形，两横截面对齐。

⑤ 用八字夹固定戒圈，放置焊台。加热戒圈至橘红色，镊子粘上硼砂涂抹焊接口位置，保持加热，放焊料，完全熔解覆盖焊接口位置。

⑥ 检查焊接口位置是否焊牢，放入明矾水中酸洗。

⑦ 修锉焊接口。

⑧ 用砂纸将戒指由内而外整体打磨。

⑨ 在抛光机中抛光 10～15 分钟。

图 2-41

◆ 工具与材料

火枪套件	戒指棒
焊台	记号笔
平口钳	银条
镊子	硼砂
剪钳	银焊料
锯条	砂纸

◆ 制作过程图示（图 2-42）

（1）

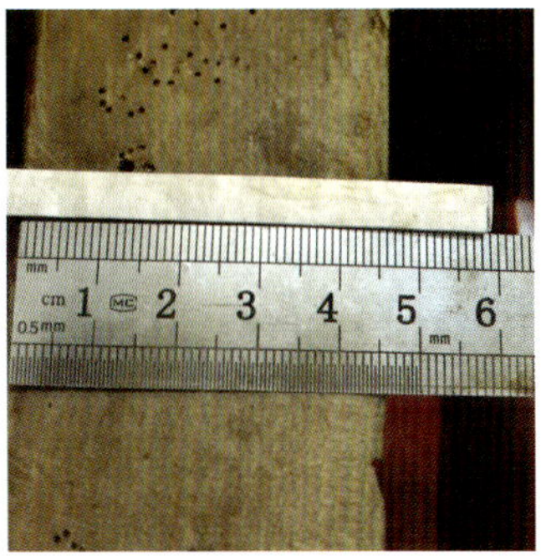

（2）

（3）

图 2-42（a）

（4）

（5）

（6）

（7）

（8）

（9）

图 2–42（b）

◆ 提示

- 戒指圈焊接口位置必须对齐平整，缝隙越小，焊接表面才会越平整。

2.爪镶戒指（图2–43）

◆ 制作过程

① 将银条退火、自然冷却。

② 用平口钳夹住银条放置在铁砧上，用锤子使劲敲打银条中部，敲打力度逐渐向两边减小。

③ 翻转银条并敲打银条两端，力度逐渐向中间减小，反复退火 3~4 次，敲打成所需形态。

④ 银条锯裁长 5.5cm，沿戒指棒弯折成圆形。

⑤ 修锉焊接口。

⑥ 将银丝裁剪成四段，分别弯折，组合焊接。

⑦ 用八字夹夹住焊爪焊接。

⑧ 将爪固定置戒圈上，调整对齐焊接。

⑨ 把爪上多余长度锯掉，用锉子修锉，砂纸执模。

图 2–43

⑩ 把爪位调整后试石，用记号笔标识卡扣位置。

⑪ 飞碟针车卡口，放入宝石，用平口钳将爪依次掰直，并沿对角扣压宝石。

⑫ 将多余爪长剪掉，用吸珠吸圆后放入抛光机中抛光。

◆ 工具与材料

火枪套件
焊台
平口钳
镊子
锯弓
锯线
戒指棒
铁砧

记号笔
银条
银线
硼砂
银焊料
砂纸
锆石

◆ 制作过程图示（图 2-44）

(1)

(2)

(3)

(4)

(5)

(6)

(7)

(8)

(9)

图 2-44（a）

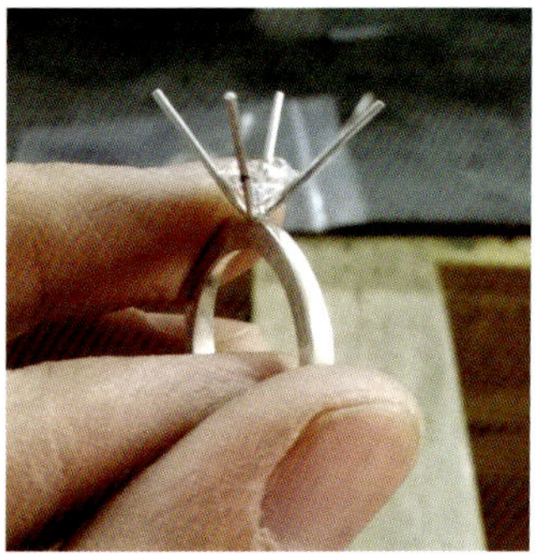
(10)

(11)

(12)

图 2–44（b）

◆ 提示

- 敲打银条时，银条须退火 3~4 次，待银条变软后敲打造型更容易。
- 镶嵌宝石时爪位卡扣位置必须在一个水平面上。

3. 夹镶戒指（图2–45）

◆ 制作过程

① 将银条退火、自然冷却。

② 用平口钳夹住银条放置在铁砧上，用锤子使劲敲打银条中部，敲打力度逐渐向两边减小。

③ 翻转银条敲打银条两端，力度逐渐向中间减小，反复退火 3~4 次，敲打成所需形态。

④ 把银条锯裁长 6cm，沿戒指棒弯折成圆形。

⑤ 调整戒指成错开造型，用细锉修锉。

⑥ 用砂纸打磨戒圈错开面。

⑦ 将银线退火敲打，用圆嘴钳完成圆形后锯裁。

⑧ 将圆形镶口放置于错开戒臂的中间，以底为齐。

⑨ 焊接镶口。

⑩ 用记号笔标识卡口位置，用飞碟针车槽。

⑪ 先将宝石一棱边放入卡槽，用平口钳夹住宝石慢慢往下压。

⑫ 使用砂纸打磨戒指表面后入抛光机抛光。

图 2–45

◆ 工具与材料

火枪套件	锯线	银线
焊台	戒指棒	硼砂
平口钳	铁砧	银焊料
镊子	记号笔	砂纸
锯弓	银条	锆石

◆ 制作过程图示（图 2-46）

(1)　(2)　(3)　(4)　(5)　(6)　(7)　(8)　(9)

图 2-46

4. 刀片吊坠（图2-47）

◆ 制作过程

① 将准备好的银片退火，自然冷却，用锉子修锉四边。

② 用双面胶将图案对齐贴至银片上，标识打孔位置。

③ 吊机安装 1mm 直径钻针打孔。

④ 安装锯条，锯齿朝向锯弓手柄，开始锯形。

⑤ 修锉造型。

⑥ 制作方形吊扣。先用锉子分别在银条标记处上锉出 V 字形，用平口钳慢慢折弯形体。

图 2-47

⑦ 使用中温焊焊接吊扣。

⑧ 检查焊接口位置是否焊牢，放入明矾水中酸洗。

⑨ 修锉焊接口，用砂纸将吊坠由内而外整体执模。打磨至吊坠表面平滑后放入抛光机中抛光，之后放入超声波清洗机中清洗 10～15 分钟。

◆ 工具与材料

火枪套件	锯弓	硼砂
焊台	锯条	明矾
平口钳	记号笔	银焊料
镊子	银片	砂纸
锉子	银条	

◆ 制作过程图示（图 2-48）

(1) (2) (3) (4) (5) (6) (7) (8) (9)

图 2-48

5. 包镶吊坠（图2-49）

◆ 制作过程

图 2-49

① 把准备好的银片、银丝退火，自然冷却，用锉子将银片四边锉齐。

② 用双面胶将吊坠图案对齐贴至银片，用记号笔标识钻孔位置。

③ 用直径 1mm 钻针钻孔，安装锯条锯形。

④ 将银丝围绕锯好的银片一周，重合位置用剪钳裁断，用锉子修锉切口对齐，高温焊料焊接。

⑤ 用圆口钳制作圆环，并焊接至对应位置。

⑥ 制作宝石镶口，用卡尺测量绿松石高度，并在银片上画出直线，用剪刀将围边剪下，调整并沿绿松石绕一圈，重合位置用记号笔标识，再用剪钳裁断，最后用高温焊料焊接。

⑦ 检查焊接位置是否焊牢，并将包镶镶口和轮廓进行酸洗、晾干。

⑧ 将镶口和轮廓放置焊台，将银丝按图案造型摆好，依次用中温焊料焊接。

⑨ 把锯好的银片表面用砂纸打磨干净，调整与轮廓对齐并进行低温焊料焊接。

⑩ 检查焊接位置是否焊牢，整体酸洗、晾干。

⑪ 用砂纸将吊坠由内而外整体执模，表面平滑，镶嵌绿松石。

⑫ 使用抛光机抛光后放入超声波清洗机中清洗 10～15 分钟。

◆ 工具与材料

火枪套件	锯弓	硼砂
焊台	记号笔	明矾
平口钳	银片	银焊料
圆口钳	银丝	砂纸
镊子	锯条	绿松石

◆ 制作过程图示（图 2-50）

（1）

（2）

（3）

图 2-50（a）

图 2–50（b）

◆ 提示

● 复杂造型需分层焊接，最先用高温焊料，其次用中温焊料，最后用低温焊料，注意高温、中温、低温焊料的合理应用。

6. 胸针（图2–51）

◆ 制作过程

① 银片退火，自然冷却，贴图钻孔。

② 锯形，先锯小圆再锯大圆。

③ 修锉造型。

④ 用八字夹夹住银线，焊接别针。

⑤ 焊接别针倒钩。

图 2–51

⑥ 别针弯曲，用砂纸打磨，放入抛光机中抛光。

◆ 工具与材料

火枪套件	锯弓	硼砂
焊台	锯条	明矾
平口钳	记号笔	银焊料
八字夹	银片	砂纸
镊子	银线	
锉子	银条	

◆ 制作过程图示（图 2-52）

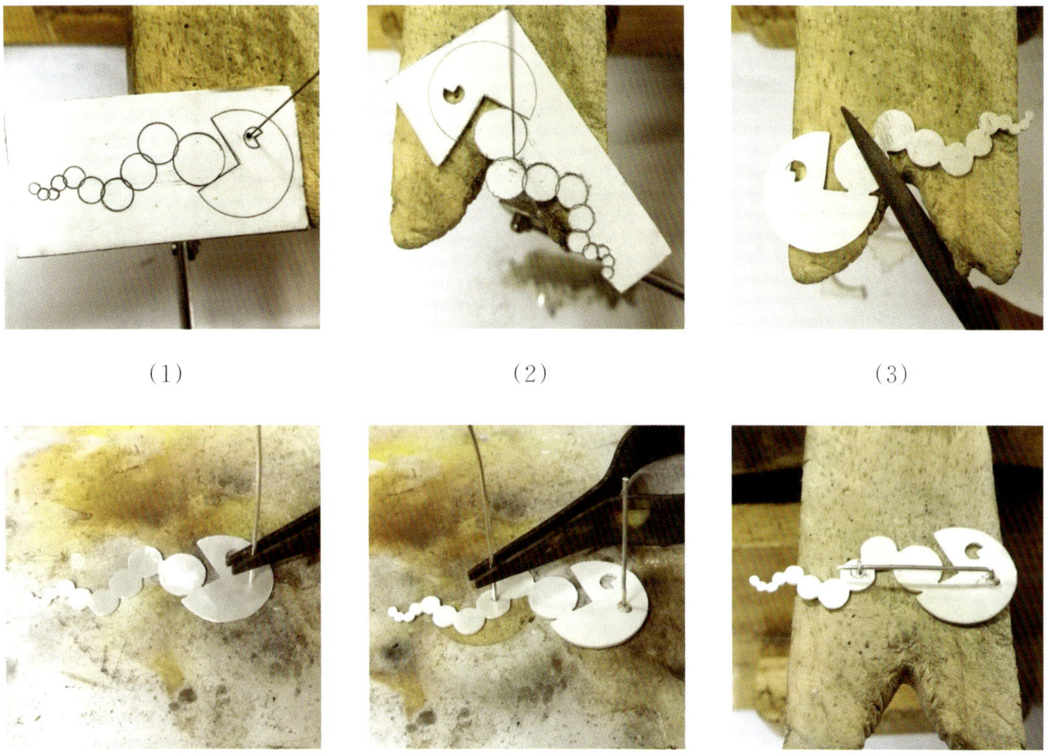

（1） （2） （3）

（4） （5） （6）

图 2—52

第三节 金属表面处理工艺

金属材料退火后，一般具有很好的延展性，通过压片机、锤子和錾子能够很轻松地在金属表面留下痕迹和肌理。在金属工艺制作中为了获取更好的展示效果，可以在材料表面制作上增强肌理和图案的艺术效果。

肌理制作方法主要有：敲锤肌理、压印肌理和模印肌理。（图 2—53）

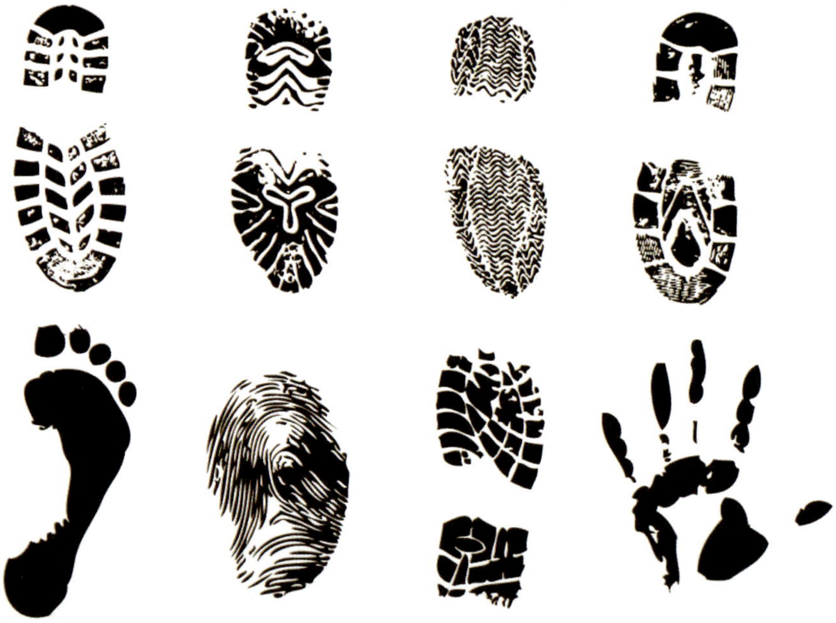

图 2-53　模印肌理

肌理工艺示范

1. 敲锤肌理（图2-54）

◆ 制作过程

① 将银片退火，自然冷却，用平头锤整平。

② 用砂纸将银片表面打磨光滑后，将银片放置在铁砧上，准备好肌理锤。

③ 用手固定银片，使用肌理锤有规律地敲锤银片。敲锤银片时，使用力度不宜过大。

④ 银片受到外力敲击会发生变形。

⑤ 将敲锤好的银片翻转放置在木桩上，使用橡胶锤将银片敲平。

⑥ 将制作好肌理的银片抛光。

⑦ 凹型肌理。

⑧ 线状肌理。

图 2-54

◆ 工具与材料

火枪套件	肌理锤	木墩	银片
焊台	橡胶锤	镊子	明矾
平头锤	铁砧	锉子	砂纸

◆ 制作过程图示（图 2-55）

(1) (2) (3)
(4) (5) (6)
(7) (8) (9)

图 2-55

◆ 提示

- 敲锤肌理时，将银片表面仔细打磨光滑，这样肌理效果会更好。
- 如银片发生变形，可以将银片翻转放置在木墩上，使用橡胶锤将银片锤平。

2. 压印肌理（图2-56）

◆ 制作过程

① 将红铜片退火操作3次，使红铜片达到最软状态。

② 将红铜片放入稀硫酸中。

③ 用铜刷将红铜片表面刷干净。

④ 将蕾丝粘贴置黄铜片上。

⑤ 用红铜片夹紧蕾丝。

⑥ 调整压片机间隙大小，蕾丝压印只能一次成功。

⑦ 在铁砧上垫张纸，用橡胶锤敲平红铜片，酸洗后用砂纸打磨，抛光清洗。

图 2-56

◆ 工具与材料

火枪套件	铁砧	红铜片
焊台	胶锤	黄铜片
平口钳	压片机	稀硫酸
镊子	压印材料	砂纸

◆ 制作过程图示（图 2-57）

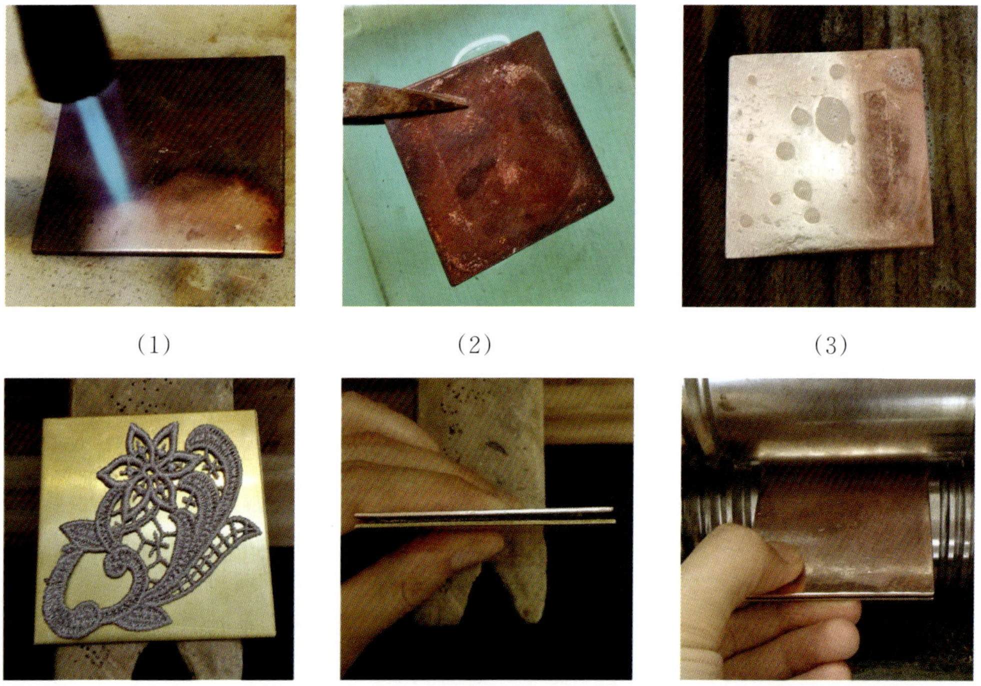

（1）　（2）　（3）

（4）　（5）　（6）

图 2-57（a）

（7）

（8）

（9）

图 2–57（b）

◆ 提示

- 加热红铜片时表面会产生氧化物，需要放入稀硫酸中浸泡才能除去。
- 压延纹理时，两片金属片必须夹紧蕾丝，一次通过压片机。

3. 模印肌理（图2–58）

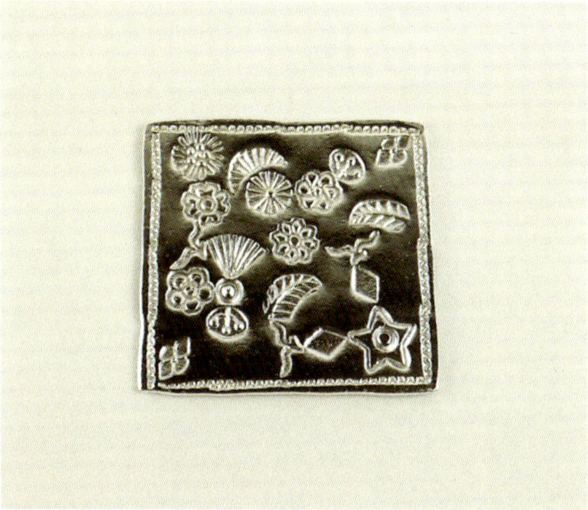

图 2–58

◆ 制作过程

① 将裁好的银片退火，自然冷却后酸洗。

② 用砂纸将银片表面打磨光滑。

③ 将银片放置在铁砧上。

④ 左手拿錾子，右手拿锤子，用手肘力量敲击錾子上部，依次敲击出所需图案。

⑤ 敲击錾子时，银片会发生变形，须将其退火冷却，翻转银片放置在铁砧上并用胶锤敲平整。

⑥ 将敲锤好的银片打磨、抛光、清洗。

◆ 工具与材料

火枪套件	锉子	数字錾
焊台	锤子	银片
铁砧	花錾	砂纸
镊子	字母錾	

◆ 制作过程图示（图 2-59）

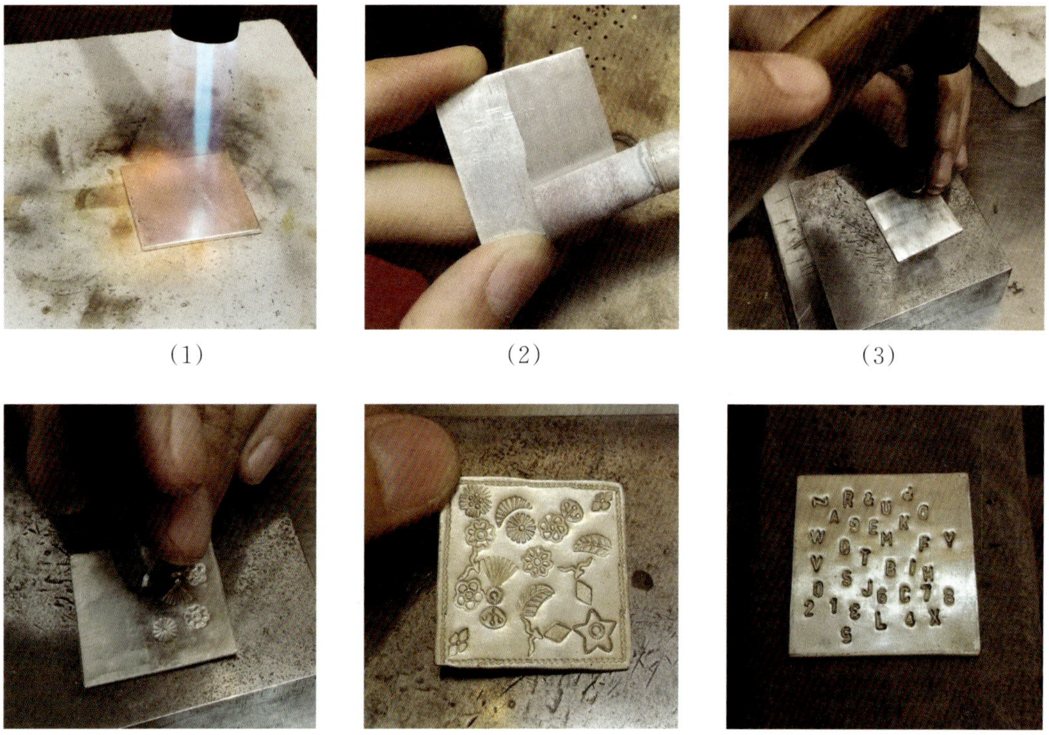

（1）（2）（3）
（4）（5）（6）

图 2—59

◆ 提示

- 敲打前，将银片表面打磨光滑，这样敲打的肌理效果会更好，银片敲平时使用橡胶锤。
- 敲击錾头时，力度控制好要一次成型。

4. 錾刻

錾刻是利用金、银、铜等金属材料的延展性兴起的传统手工技艺，作为中国传统手工艺中的一种门类，它随玉石器、骨角器等加工技术演化而来。从出土的商周青铜器、金银器上的一些錾刻文、镶嵌和金银错等文物标本可知，这种技术至今已有数千年的发展历史。錾刻工艺的操作，是在设计好器形和图案后，按照一定的工艺流程，以特制的工具和特定的技法，在金属板上加工出千变万化的图案。（图 2—60）

操作时使用的主要工具是各式各样的成套錾子，这些錾子都是自制的，是用工具钢或弹簧钢打制而成的，钢料过火后先锤打成长约 10cm、中间粗两头细的枣核形坯子，之后将其前端锤打、错磨出所需要的形状，再经焠火处理，并在油石上反复打磨、调试，使之合用。最常用的錾子有大小不等的勾錾、直口錾、双线錾、发丝錾、半圆錾、方踩錾、半圆踩錾、鱼鳞錾、鱼眼錾、豆粒錾、沙地錾、尖錾、脱錾、抢錾等十多种。另外，还要根据加工对象的不同，随手打制出一些其他种类的錾子。

錾刻时，必须将加工对象固定于胶版上，方可进行操作。胶版一般是用松香、大白粉和植物油，按一定比例配制后敷在木板上，使用时先将胶烤软，再把铜银等工件过火后即可贴附其上，冷却后方可进行錾刻，取下时只需加热便能脱开。

图 2–60 錾刻工艺

錾刻工艺示范（图 2–61）

◆ 制作过程

① 将银片退火，用砂纸将银片表面打磨光滑，用记号笔描绘錾刻图案。

② 加热松香，将银片压在松香上固定。

③ 左手拿錾子，右手拿锤子，先錾刻中间造型。

④ 錾刻外轮廓。

⑤ 錾刻背景。

⑥ 加热松香，取出银片并将残余松香烧尽。

⑦ 用胶锤将银片敲打平整。

图 2–61

⑧ 用剪刀减去多余部分，用锉子修锉切口。

⑨ 用砂纸打磨后抛光清洗。

◆ 工具与材料

火枪套件	镊子	錾子
抛光机	锉子	银片
焊台	锤子	明矾
松香板	剪刀	砂纸

◆ 制作过程图示（图 2-62）

(1)

(2)

(3)

(4)

(5)

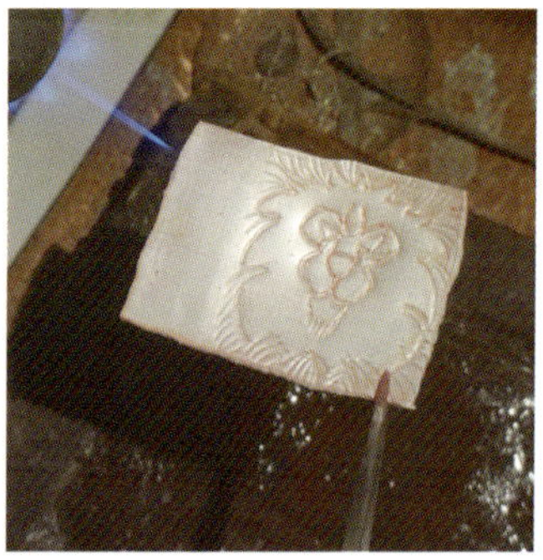
(6)

(7)

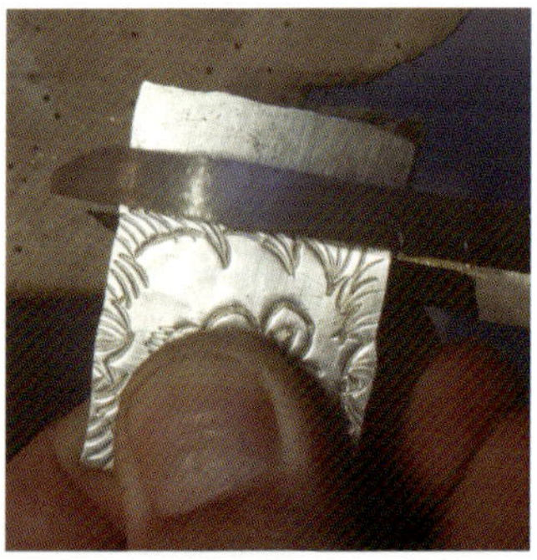
(8)

(9)

图 2-62

◆ 提示

- 固定银片时，用火枪外焰加热松香使其变软，再把银片压在软松香上自然冷却。
- 錾刻时，用拇指、食指和小拇指拿錾子，且錾子与银片要保持一定倾斜度。
- 当烧制银片残余松香时，宜在通风处操作。

5. 烧皱工艺

烧皱工艺是利用高温烧熔合金金属的表面，依赖金属不同的熔点和冷却率，所形成的褶皱肌理效果。因为褶皱的纹理不可控，所以需要充分掌握烧皱的步骤与技法。理想的烧皱材料为标准银及 925 银，金属片厚度 1mm 最佳。（图 2–63）

烧皱过程中需要将金属片反复退火、酸洗 4 次以上，同时使用木炭块维持保温，褶皱效果易形成。

图 2–63　烧皱首饰

烧皱工艺示范（图 2–64）

图 2–64

◆ 制作过程

① 将 925 银块通过压片机压片。

② 先用火枪加热银片，再用蓝色细焰加热局部。

③ 银片表面熔化流动时，移除火焰，让影片自然收缩。局部反复细焰加热，直到银片表面褶皱效果明显。

④ 将银片放入酸液中清洗。

⑤ 分别用 600 # 、1200 # 砂纸将银片打磨干净。

⑥ 抛光清洗。

◆ 工具与材料

火枪套件	平口钳	925 银
压片机	镊子	明矾
焊台	锉子	砂纸

◆ 制作过程图示（图 2-65）

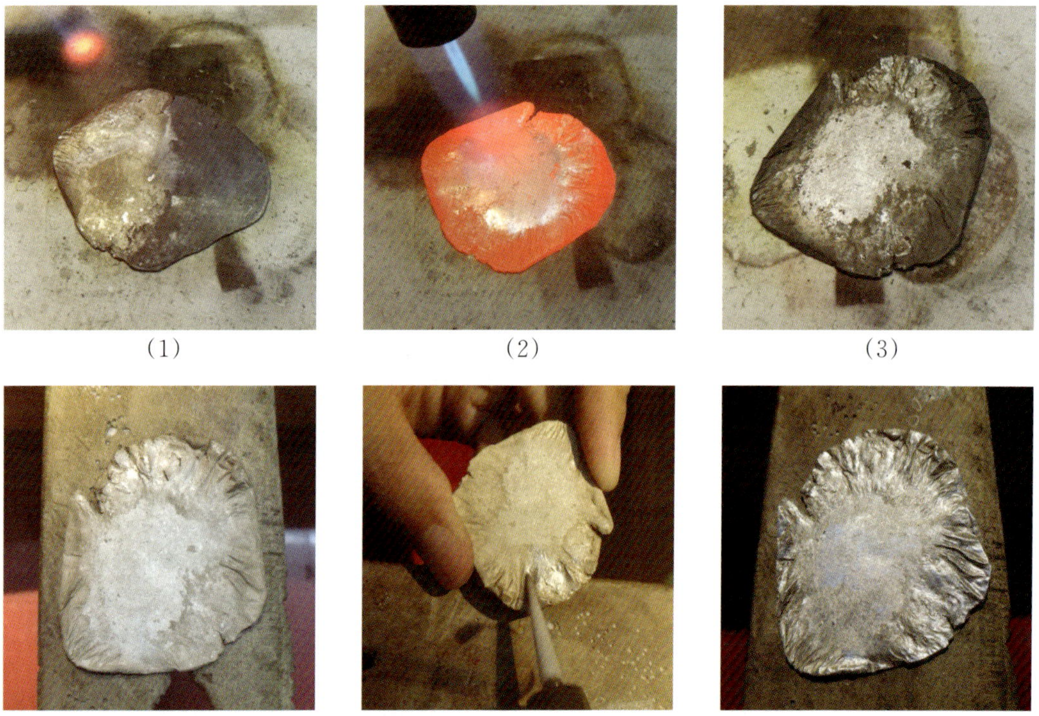

(1) (2) (3)

(4) (5) (6)

图 2–65

◆ 提示

● 加热银片时，要将火焰调至蓝色细焰，银片表面熔化时，火焰移开，这样容易烧成褶皱纹理。

6. **拼焊工艺（图2-66）**

拼焊工艺是利用两种及两种以上不同的颜色金属材料焊接联结，搭配形成新的造型和颜色，为金属制作增强作品的色彩和纹理感。

拼焊工艺一般可分为：嵌入式联结、组合式联结、熔化式联结，不同联结方式其原理一样。

图2–66　金银错

拼焊工艺示范（图2–67）

◆ 制作过程

①将准备好的银片、黄铜片、红铜片退火冷却后，用记号笔和直尺画出造型。

②锯出造型，用锉子修锉轮廓。

③检查造型拼合是否完整。

④先焊接黄铜片和红铜片，检查是否焊接牢固。

⑤焊接银片，将金属片放入酸液清洗。

⑥用砂纸将金属片表面仔细打磨后，抛光清洗。

图2–67

◆ 工具与材料

火枪套件	锉子	银焊药
焊台	银片	明矾
锯弓	红铜片	砂纸
锯条	黄铜片	
镊子	铜焊药	

◆ 制作过程图示（图 2-68）

(1) (2) (3) (4) (5) (6)

图 2–68

◆ 提示

- 修锉直角时，必须符合造型要求。
- 焊接银片时，要控制好黄铜与银片的温度差，因为银片容易熔化。

第四节　特殊工艺

一、花丝工艺

花丝工艺又称为细金工艺、累丝工艺，是我国最传统、最典型的金属工艺，是利用金、银、铜金属的延展性抽成细丝，经过掐、填、攒、焊、堆、垒、织、编等主要八项技法，在金银片上或胎体上造型和装饰的艺术。（图 2–69、图 2–70）

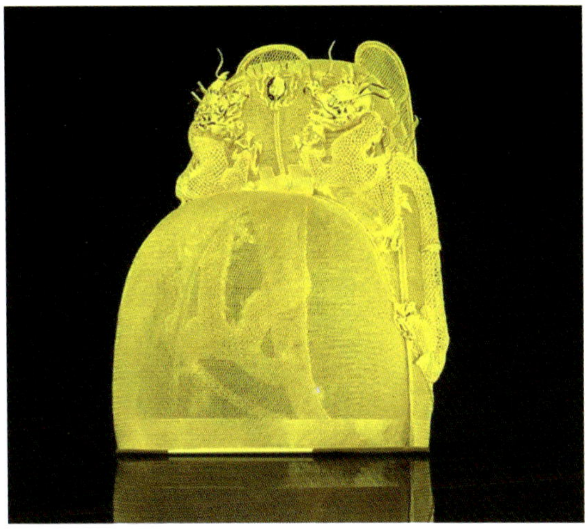

图 2–69　明万历皇帝金丝翼善冠

图 2–70　明代凤冠

现在，花丝工艺已经通过多种多样的制作方式得到诠释，将传统工艺运用到现代设计制作中。其优点在于金属使用量较少，能够制作装饰繁复而重量较轻的饰品，从而降低首饰制作成本，不过花丝工艺也是一种极其考验制作者耐心和技艺的工艺。

2009 年，昭仪新天地北京珠宝有限公司与被列入国家级非物质遗产“花丝镶嵌”的传承人——白静宜大师合作，在北京宋庄小堡村艺术东区，建立了国家级非物质文化遗产花丝镶嵌传承基地，致力于花丝镶嵌技艺的传承与发展。（图 2–71）

图 2–71　白静宜大师作品

花丝工艺示范（图 2–72）

图 2–72

◆ 制作过程

① 将准备好的银条退火，自然冷却。

② 调整压片机间隙，从方形槽由大到小依次压延，压延期间银条须反复退火 3~4 次，银条压至最细，成银线。

③ 将银线绕捆，放置焊台用大火均匀退火，冷却后捋直银线。

④ 银线一头用锉子锉尖，由大孔至小孔穿过拉丝板，夹住银丝开始拔丝，可适当添加润滑剂。

⑤ 银线从最小孔拔出，绕捆后均匀退火。

⑥ 备好搓丝板，将银丝对折，逆时针扭转。

⑦ 在搓丝板上用搓丝木压住银丝头，轻轻往前推滑，将两股银丝搓成麻花状。

⑧ 砂纸打磨。

⑨ 抛光清洗。

◆ 工具与材料

火枪套件	搓丝板
压片机	搓丝木
焊台	银条
镊子	银丝
锉子	明矾
圆嘴钳	硼砂

◆ 制作过程

(1)　(2)　(3)　(4)　(5)　(6)　(7)　(8)　(9)

图 2–73

◆ 提示

- 银丝必须绕捆均匀退火，拉丝时才不容易断。
- 搓丝时，将两根丝固定，用搓丝板压紧银丝向前推或向后退，制成素丝。
- 使用细焰焊接素丝，控制好火焰温度。

二、錾花工艺

錾花是使用一整套具有各种基本图形的錾子，通过锤击錾子，使金属表面呈现凹凸花纹图案的一项工艺。錾花是一项古老的工艺，此种工艺始于春秋晚期，盛行于战国，至今匠师们依然沿用。(图 2–74、图 2–75)

与镌刻和雕刻不同，在錾花过程中并无金属材料被削掉。錾花工艺服务于两个目的：其一，制作仅从正面敲击的錾花金属首饰；其二，当从背面敲击做成浮花制品后，再从正面敲击以增强其效果。

目前，云南大理鹤庆新华村一直保留着这门古老的手艺，新华村里有很多老式作坊，錾花工艺通过师傅的言传身教教授给徒弟，徒弟通过加工制作作坊工艺品来掌握錾花工艺。

图 2–74　明代錾花金盘子

图 2–75　银器錾花

錾花工艺示范（图 2–76）

图 2–76

◆ 制作过程：

① 银片退火自然冷却，用砂纸将银片表面打磨光滑，使用记号笔画出图案造型。

② 先用圆錾将银片背面敲鼓。

③ 火枪将松香烧软，银片放置中间固定。

④ 松香冷却变硬，使用不同形状錾头有规律或无规律地敲打银片。

⑤ 火枪烧软松香，取出银片。

⑥ 将银片残留松香烧去。

⑦ 银片放入酸液酸洗。

⑧ 砂纸打磨。

⑨ 抛光清洗。

◆ 工具与材料

火枪套件
松香板
焊台
平口钳
镊子
锉子
剪钳
圆錾
平錾
银片
记号笔
明矾
砂纸

◆ 制作过程图示（图 2-77）

(1)

(2)

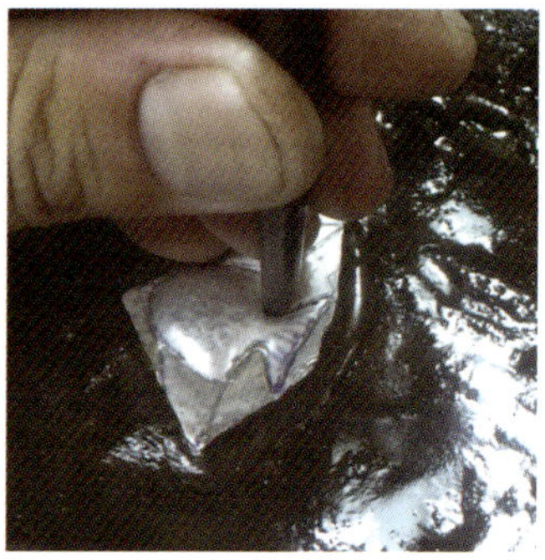
(3)

(4)

(5)

(6)

(7)

(8)

(9)

图 2-77

◆ 提示

- 松香加热后，必须完全冷却，对其敲击才能达到最好的黏合效果。

三、编织工艺

编织是人类最古老的手工艺之一。在人类的文化史上，没有一种文化样式像编织艺术这样源远流长，它的历史甚至超过了绘画和文字。

据考古资料证明，远在距今六七千年以前的新石器时代，我们的祖先就已经发明了以毛竹编织生活用具的编结工艺。西安半坡仰韶文化遗址出土的陶器底部编结有很多印痕，其编结方式，仅就印痕所见，就有斜纹、缠结、绞结、棋盘格、间格数种。浙江吴兴钱山漾新石器时代遗址出土的竹编用具达 200 多件，品种有竹篓、竹篮、竹箩、簸箕和捕鱼的“倒梢”等，编织方式有人字纹、十字纹、梅花眼、菱形格等，可见编结工艺已经达到了较高的水平。(图 2–78)

图 2–78　编织篓

在西方国家中，人们将应用于首饰中的编织视为“纺织技术”。20 世纪中期，由于在大工业生产导致的情感荒漠的背景下，手工业作为补偿性反应在西方范围内复兴。运用纺织品工艺创作的编织首饰，得到了前所未有的发展。(图 2–79)

图 2–79　现代编织首饰

编织工艺示范（图 2–80）

◆ 制作过程

① 将银丝均匀退火，自然冷却。

② 两根银丝为一组，将五组银丝固定，按照编麻花辫的方式编织。

③ 编织时银丝由紧逐渐变松。

④ 银丝编织一半时，用平口钳将银丝弯折，将银珠子依次穿过银线。

⑤ 继续编织银线，先松再慢慢收紧。

⑥ 用钳子将编织镯子夹平。

⑦ 焊接编织手镯尾部。

⑧ 用锉子锉平并用砂纸打磨。

⑨ 抛光清洗。

图 2–80

◆ 工具与材料

火枪套件	锉子	明矾
焊台	拉丝板	砂纸
平口钳	银丝	
镊子	银珠	

◆ 制作过程图示（图 2–81）

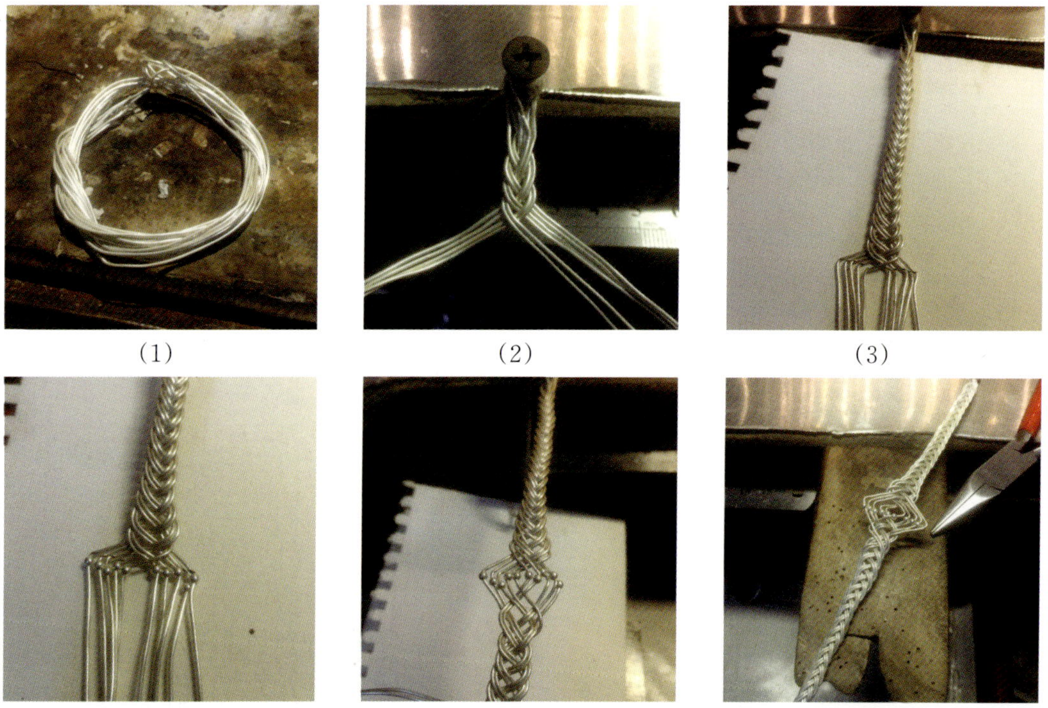

（1）（2）（3）

（4）（5）（6）

图 2–81（a）

（7）

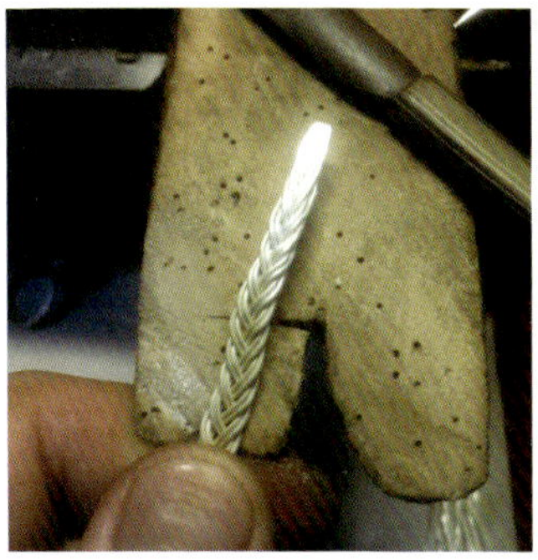
（8）

（9）

图 2–81（b）

◆ 提示

● 编织时，银丝必须分组，按照麻花辫子的方法叠加排列编织。

四、珠粒工艺

珠粒工艺，英文名为 Granulation，又名“炸珠”，中国台湾一般称为“栗纹工艺”。据记载，早在公元前 1 世纪金属珠粒工艺就已经广泛应用于珠宝制作中，在四大文明古国中都曾广为流传，是金属焊接技术早前普遍使用的首饰装饰手法。大英博物馆收藏的最古老的金属珠粒首饰出自伊特拉斯坎（意大利），约制成于公元前 7 世纪。（图 2–82）

图 2–82　古希腊时期珠粒工艺首饰

现代珠宝首饰设计及制作提倡个性的张扬，许多珠宝艺术家非常注重对传统技艺的深入挖掘，然后结合现代理念重新诠释古典的技法。通常珠粒工艺是把较小的金属球体或颗粒，通过熔接法焊接在金属表面作为装饰。

在珠粒工艺方面，做得比较出色的是美国珠宝匠克利夫兰艺术学院教授 John Paul Miller，他把这种技艺发挥得淋漓尽致。（图 2–83）

图 2–83　John Paul Miller 教授作品

珠粒工艺示范（图 2–84）

◆ 制作过程

① 用菠萝针在木炭块上打出凹槽。

② 将准备好的银线捋直，用记号笔标识长度并用剪钳剪断。

③ 预热木炭，将银条小段放入凹槽中集中加热变成球状。

④ 重复步骤③，制出足够量的银粒。

⑤ 将银粒集中放入酸液中清洗。

⑥ 将准备好的银片加热至微红，用镊子夹住银粒粘上硼砂放置在银片上。重复此步骤，用银粒摆出所需造型。

⑦ 将银片放入酸液酸洗。

⑧ 砂纸打磨。

⑨ 抛光清洗。

图 2–84

◆ 工具与材料

火枪套件　　拉丝板　　硼砂
焊台　　银片　　木炭
镊子　　银线　　砂纸
锉子　　球针
锤子　　明矾

◆ 制作过程图示（图 2-85）

图 2-85

◆ 提示

- 制作银粒时，银线直径、长度必须一样，才能保证烧制银粒大小一致。
- 烧制的银粒需要酸洗将表面氧化物和杂质除去。
- 熔接时火焰要整体加热，不能用细焰加热，待银粒表面熔化且成镜面时停止加热。

五、珐琅工艺

珐琅，又称“佛郎”“法蓝”“景泰蓝”，是一种外来语的音译词。珐琅一词源于中国隋唐时古西域地名拂菻。当时东罗马帝国和西亚地中海沿岸诸地制造的搪瓷嵌釉工艺品称为拂菻嵌、佛郎嵌、佛朗机，简化为拂菻。出现景泰蓝后转音为发蓝，后又为珐琅。1918—1956 年，珐琅与搪瓷同义合用。(图 2–86、图 2–87)

图 2–86　景泰蓝

图 2–87　乌克兰艺术家 larissa

珐琅的组成是用石英、长石、硝石和碳酸钠等加上铅和锡的氧化物烧制而成，涂在铜质或银质器物上，经过烧制，形成不同颜色的釉质表面。既可防锈，又可作为装饰。例如搪瓷、景泰蓝等均为珐琅制品。

珐琅工艺示范（图 2–88）

图 2–88

◆ 制作过程

① 将银片退火，用钳子和锤子塑造出造型。

② 将制好的银板退火后泡酸并清洁。

③ 选取所需珐琅粉洗料后填色，填色可用干筛填色法也可用湿法填色法，本案例选用的是湿法填色，用毛笔蘸取一定珐琅料，在胎体上涂匀。

④ 将珐琅粉均匀地铺满在银胎上，尽量保证每个地方厚薄均匀。

⑤ 将上好色的银胎放在高温炉旁，待水分蒸发。

⑥ 炉子达到所需温度时，将银胎放入炉中烧制。

⑦ 开始计时，2~3 分钟后将银胎取出，放在炉旁自然冷却。

⑧ 检查烧制好的珐琅表面是否光滑，有无气泡产生，若表面出现凹坑则需将珐琅表面打磨后重新填色，重复②~⑥步骤进行烧制，直至达到预期效果。

⑨ 将烧制好的银胎打磨泡酸并清洁，最终完成。

◆ 工具与材料

火枪套件	锉子	稀硫酸
电炉	锤子	珐琅粉
焊台	银片	砂纸
镊子	钛网	

◆ 制作过程图示（图 2-89）

(1)

(2)

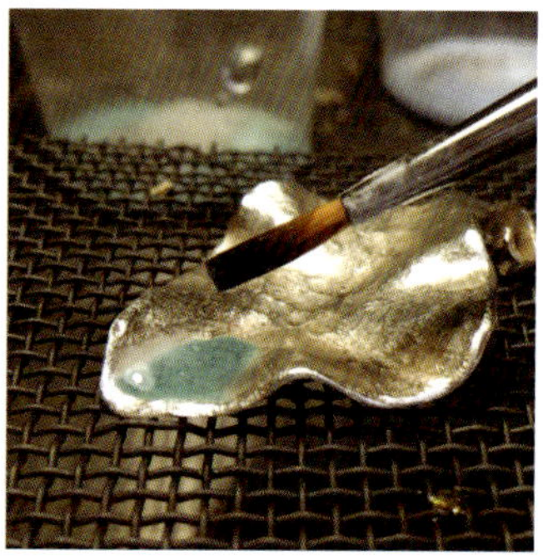

(3)

(4)

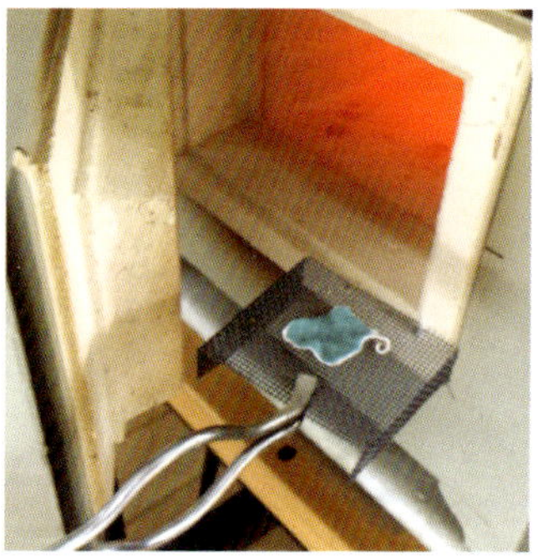

(5)

(6)

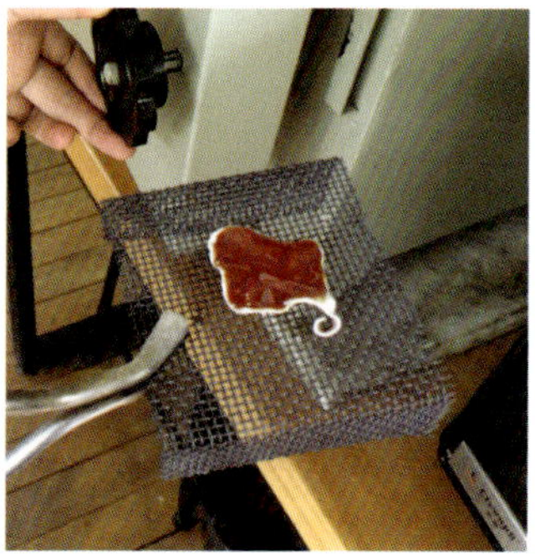

(7)

(8)

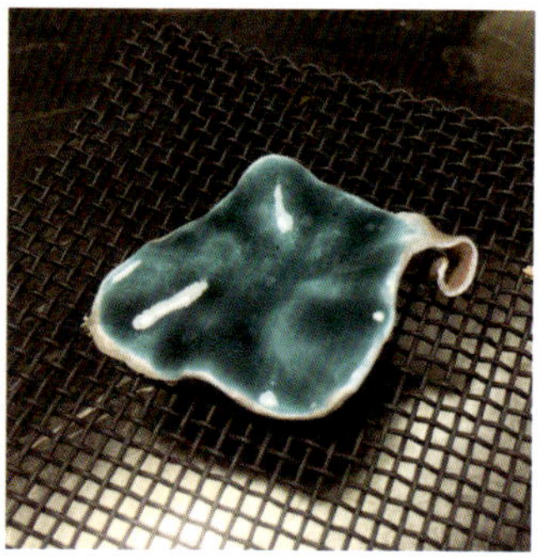

(9)

图 2–89

◆ 提示

- 选用湿法填色时每次蘸取的珐琅料不宜太多，也不宜含太多水，不然会容易产生气泡，若希望减少气泡产生，可以先用钢针沿一个方向划动所填釉料，随后再整平。
- 由于每种颜色的珐琅釉料所需温度和时间都不一样，烧制前最好先烧制几个小样片来记录该釉料所需温度的时间。
- 最后泡过酸的釉料表面若光泽变暗可以选择将其回炉烧制 30 秒~1 分钟，让其表面恢复光泽。

3

第三部分　作品欣赏

图3–1　胸针　郭涛

图3-2　胸针　郭涛

图3-3　戒指　郭涛

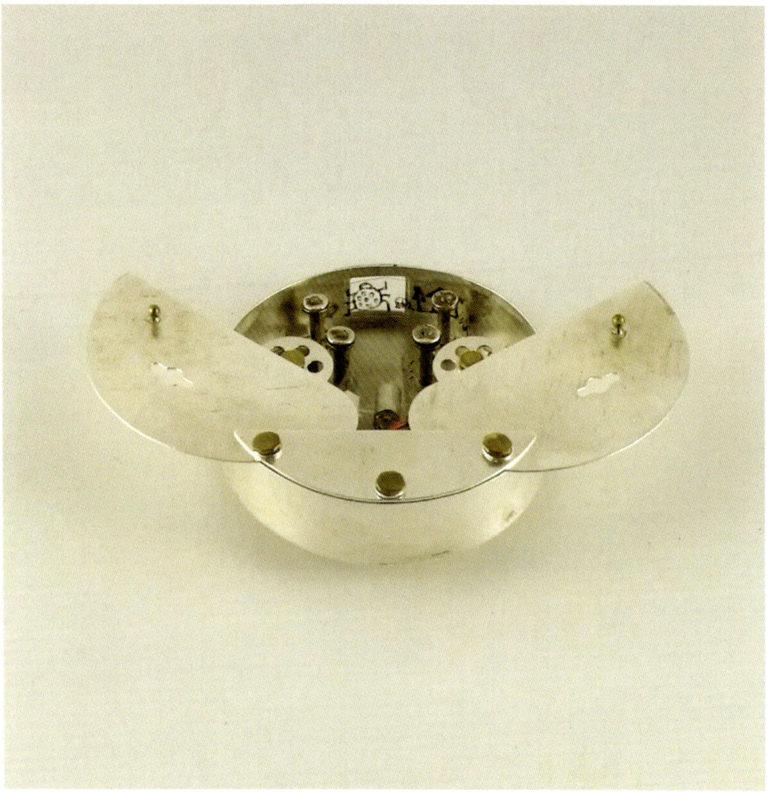

图3–4 戒指 郭涛

图3–5 项饰 郭涛

图3-6　配饰　郭涛

图3-7　戒指　刘斌

图3–8 戒指 刘斌

图3–9 手镯 刘斌

图3-10　手镯　刘斌

图3-11　胸针　刘施熙

图3-12　戒指　刘施熙

图3-13　胸针　柯雅汇

图3-14　胸针　柯雅汇

图3-15　胸针　柯雅汇

图3–16　胸针　柯雅汇

图3–17　胸针　刘施熙

图3–18　胸针　刘施熙

图3–19　胸针　程钰佳

图3–20　胸针 李海燕

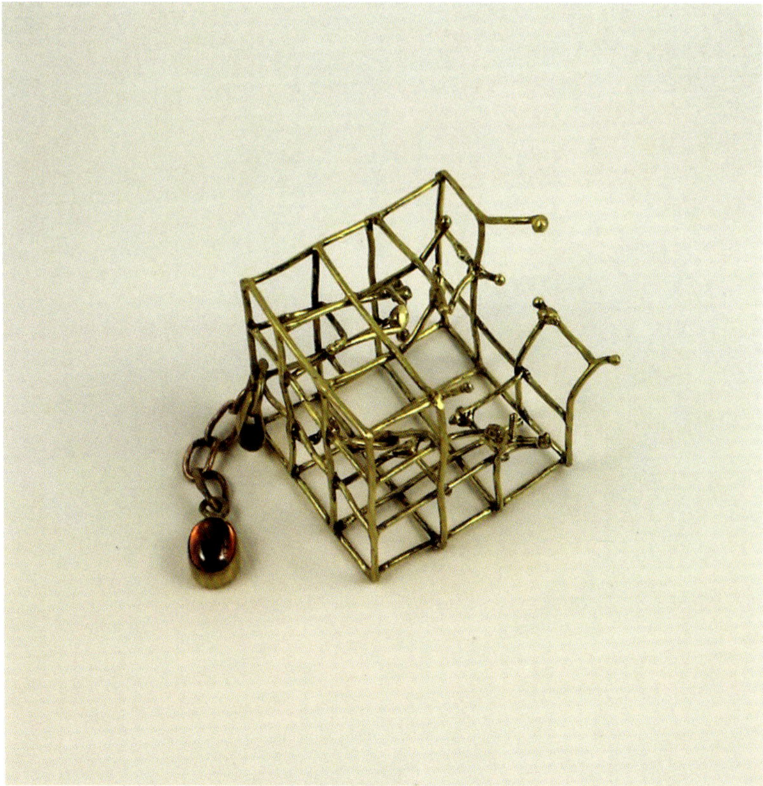

图3–21　吊坠　郭雨桑

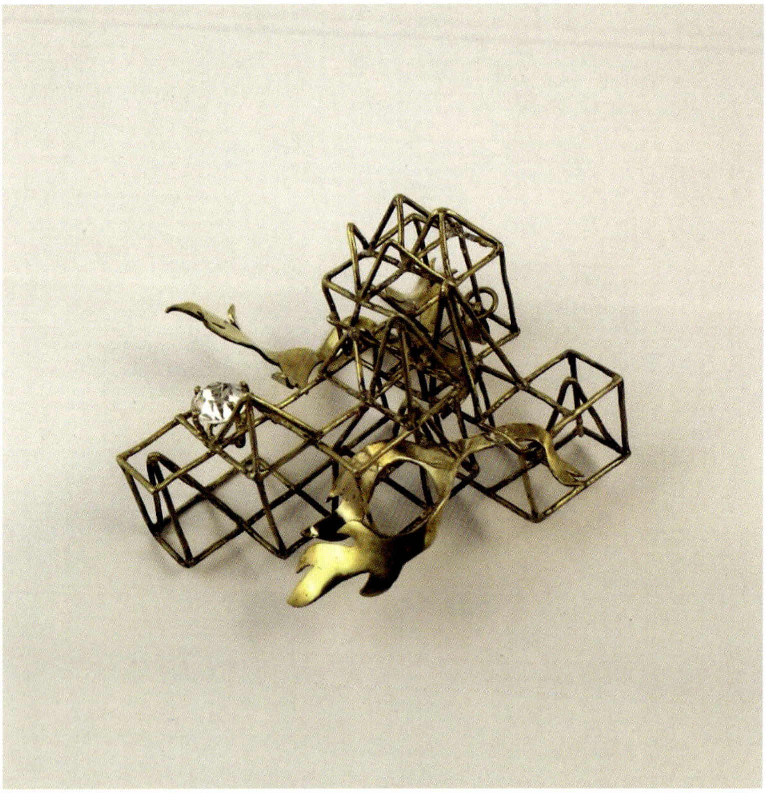

图3-22　吊坠 刘雅昕

图3-23　胸针　段延龙

图3–24　胸针 董淑欣

图3–25　吊坠　柯雅汇

图3–26　胸针 杨丹怡

图3–27　胸针　胡馨语

图3-28 戒指 胡馨语

图3-29 吊坠 黄程锦

图3–30　胸针　黄程锦

图3–31　胸针　段延龙

图3—32　胸针　段延龙

图3—33　戒指　段延龙

图3–34　戒指　段延龙

参 考 书 目

[1] 伊丽莎白·波恩. 国际首饰制作：银饰工艺[M]. 胡俊 译. 北京：中国纺织出版社，2014.

[2] 张莉君. 百工录：首饰花丝艺术[M]. 南京：江苏美术出版社，2013.

[3] 金克斯·麦克格兰斯. 珠宝首饰制作工艺手册[M]. 张晓燕 译. 北京：中国纺织出版社，2013.

[4] 华觉明，李晓岑，唐绪祥. 金属采冶和加工技艺[M]. 郑州：大象出版社，2008.

[5] 邹宁馨，付永和，高伟. 现代首饰工艺与设计[M]. 北京：中国纺织出版社，2005.

[6] 郑静. 现代首饰艺术[M]. 南京：江苏美术出版社，2002.